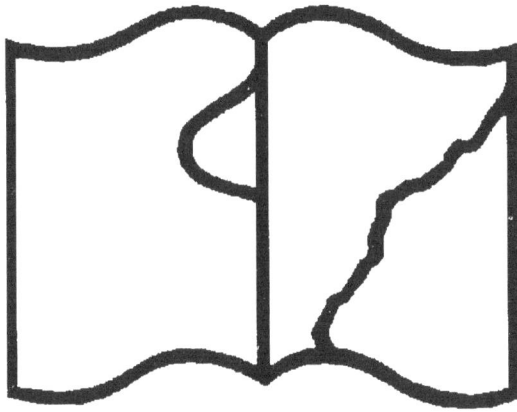

Texte détérioré - reliure défectueuse
NF Z 43-120-11

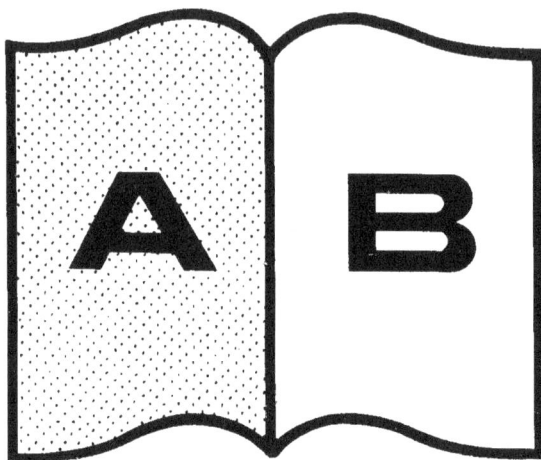

Contraste insuffisant

NF Z 43-120-14

E. HOWLETT

Leçons

de Guides

PARIS

LAIRAULT & Cⁱᵉ, IMPRIMEURS-ÉDITEURS

3, Passage Nollet, 3

LEÇONS DE GUIDES

E. Howlett et sa famille.

E. HOWLETT

Leçons de Guides

PARIS

PAIRAULT & Cⁱᵉ LIBRAIRES-ÉDITEURS

3, Passage Nollet, 3

JE DÉDIE CE LIVRE

à W. G. Tiffany

MON PLUS ANCIEN CLIENT ET AMI,

*En souvenir des bons moments passés
ensemble sur un Coach.*

EDWIN HOWLETT

A MES ÉLÈVES

MES Élèves m'ont souvent demandé de faire un livre sur le Menage à quatre chevaux.

Je ne suis pas écrivain; aussi n'est-ce que pour leur être agréable que je vais essayer d'expliquer ici, ce que j'enseigne depuis un si grand nombre d'années.

Qu'ils me permettent seulement de placer ce volume sous leur patronage, ce sera la plus belle récompense de mes travaux.

E. HOWLETT.

Paris, mars 1892.

PRÉFACE

A Paris, à Londres, à New-York, l'art
du Coaching s'est développé d'une façon
remarquable. Des cercles se sont formés
pour réunir les amateurs de ce sport. Nos
plus grands seigneurs ne dédaignent
pas de conduire des coaches faisant
un service public et journalier. Si nous
avons employé le mot *art* en parlant
du Coaching, c'est que dans les leçons
qui vont être données dans ce volume,

nous rencontrerons cette tendance à la perfection qui est l'idéal de tous les arts.

Plaisir luxueux peut-être pour celui qui veut présenter un de ces attelages, mais à coup sûr plaisir tout à fait élégant. Il faut pour pratiquer ce genre de sport, un ensemble de qualités, que l'argent seul ne peut donner; mais on ne peut arriver à la correction et à l'élégance parfaites, qu'avec beaucoup de tact et de savoir-faire. Une fois l'outil organisé, quand le *Coach* est construit selon les principes les plus rationnels, qu'on a réuni quatre chevaux bien appareillés et marchant à de bonnes allures, il faut que leur propriétaire sache les conduire lui-même, car il est absolument *improper* de se faire conduire en coach par son cocher.

C'est là que commence l'art du me-

Typ. Paisault et Cie.

Cliché Ch. Hickel.

Coach en ligne droite, au moment où le cocher fait une reprise de volée
avant d'arriver à un tournant.

nage, qu'Howlett a poussé au plus haut
degré de la perfection.

Un des écrivains sportifs les plus au-
torisés et les plus spirituels, Crafty,
dans *Paris au bois*, a donné d'Howlett
un portrait absolument vrai, que nous
nous permettons de citer ici :

« En constatant le développement rapide du me-
« nage à quatre, je commettrais un impardonnable
« oubli, une criante injustice, si je ne parlais pas
« d'un homme qui a fait plus qu'aucun autre pour
« ses incontestables progrès. Il s'agit d'Howlett, le
« fondateur de la dynastie.

« L'art de conduire à quatre ne s'improvise pas, ce
« n'est pas un des talents qu'on puisse développer
« dans le silence du cabinet ou qui s'apprenne en
« chambre. Il faut l'étudier sur le terrain et avoir,
« sous la main, les chevaux et la voiture, en un mot
« l'attirail nécessaire.

« C'est tout ce matériel qu'Howlett a mis à la dis-
« position de la jeunesse studieuse en même temps
« qu'un professeur incomparable, d'une patience
« admirable, d'une persévérance et d'une politesse
« merveilleuses, d'un sang froid imperturbable et
« d'une présence d'esprit toujours en éveil. Il a mis
« le fouet à la main de tous ceux qui manient un peu

« proprement un *four in hand*, et il n'est pas un
« de ses élèves qui ne soit prêt à attester qu'il doit
« tout ce qu'il sait à l'attention impeccable de son
« professeur et à son incomparable expérience.

« Cet homme qui joue d'un attelage à quatre
« comme Paganini jouait du violon, assiste impas-
« sible à toutes les fausses notes commises par les
« néophytes qu'il assiste de ses conseils, et n'inter-
« vient jamais que lorsqu'on réclame son secours ;
« si l'on ne demande pas une intervention, il laisse
« venir l'accident avec une résignation digne d'ad-
« miration, parce qu'au bout du compte ses membres
« ne sont pas plus que d'autres à l'abri d'une frac-
« ture et quand le choc s'est produit, il faut voir
« avec quelle activité il y remédie.

« On l'a vu plus d'une fois relever, dételer et
« ratteler, à lui seul, tous ses quadrupèdes renversés
« d'un seul coup par la maladresse d'un élève.

« Dans ces cas-là, il fait dans un moment plus de
« besogne qu'une escouade de palefreniers — sans
« avoir l'air de se presser. — Mais touchant du pre-
« mier coup la courroie qu'il faut déboucler pour
« désenchevêtrer les harnais, passant au milieu des
« jambes des chevaux renversés, avec une incroya-
« ble insouciance du danger, il remet tout en place
« et remonte s'asseoir près du coupable, aussi tran-
« quillement que s'il ne s'était rien passé. »

Un autre écrivain sportif, Coachman
pratiquant qui, le premier en France,

a fait un livre sur le menage à quatre,
M. Donatien Levesque, dans les *Grandes
Guides*, parle ainsi du professeur How-
lett :

« Son habileté à conduire est très grande et sa ma-
« nière d'enseigner si précise, si claire et si douce,
« qu'aucun des nombreux professeurs qui m'ont
« instruit, ne m'a laissé d'aussi agréables souvenirs.

« En quelques leçons, pour lesquelles il fournit
« l'attelage, il vous donne des principes qu'on ne
« saurait inventer soi-même, par la plus longue
« pratique et qui font défaut à beaucoup de co-
« chers, d'une habileté individuelle incontestable. »

Voilà bien dépeint sous son jour le
plus vrai, l'homme que tous les amateurs du menage à quatre ont pu appré-
cier, aussi bien par son talent que par
son caractère. Donnons maintenant en
quelques lignes un aperçu de sa vie, qui
prouvera que dès son enfance, Howlett a
étudié et pratiqué l'art qu'il va enseigner dans ce volume.

Edwin Howlett est né à Paris le 25

mai 1835; il était un des sept fils de John Howlett, de Norwich (Norfolk), cocher de M. le Marquis de Hereford.

Dès l'âge de 11 ans, Edwin Howlett pouvait se suffire à lui-même, ayant déjà en quelque sorte l'intuition de son métier, adroit et soigneux avec ses chevaux qu'il aimait passionnément; à 16 ans il entrait comme groom chez Mme la princesse Bacciochi, puis comme aide cocher chez M. Alexandre Horvath; en 1852, chez le prince Periclès Gikha qui l'emmenait à Vienne et lui confiait la conduite de son écurie. Howlett alors fut chargé de ramener de Vienne à Paris les chevaux du Prince, et, parti de Vienne le 27 octobre 1852, il arrivait à Paris le 16 décembre, sans qu'aucun de ses chevaux eût éprouvé la moindre fatigue, ni le plus léger accident.

En 1853 Howlett se retrouva chez M. Spencer Cowper, qui venait d'épouser la C^{esse} d'Orsay, second cocher sous les ordres de son père, qu'il remplaça en 1855.

Après neuf ans passés dans ce poste de confiance et pendant lesquels on avait admiré la tenue remarquable de l'écurie de M. Spencer, Howlett s'établit à son compte, avec 10 chevaux et 7 voitures, au n° 15 de la rue Jean-Goujon, où il est encore aujourd'hui.

Après un travail opiniâtre, une conduite et une probité sans pareilles, ayant traversé de durs moments, il est arrivé à la prospérité et à la notoriété dont jouit aujourd'hui sa maison.

Ses cinq fils, dignes élèves de leur père, l'aident et comme lui donnent des leçons. Ils se déplacent partout où on

les appelle, pour propager la méthode
de l'enseignement paternel.

Nous avons tous vu au concours hippique son dernier fils alors âgé de 7 ans,
attaché à son siège, faisant avec une
habileté et un sang-froid remarquables,
les *huit* les plus serrés sur la piste du
concours, et nous pourrions même assurer que ses deux filles ne seraient nullement embarrassées, pour faire manœuvrer
un *drag* dans les rues les plus encom-
brées de Paris.

C'est donc une rare bonne fortune
pour le public, de trouver réuni en ce
volume, l'ensemble des leçons de ce professeur hors ligne, qui a formé nos plus
habiles Coachmen, parmi lesquels nous
citerons :

Mesdames,

Mlle de Buffières. — Mme Barker. — Mlle L.

EUSTIS. — Mme PEDRENO. — Mme PRINCE. —
Mlle MABEL SIMPKINS. — B^{ne} ZUYLEN DE NYEVELT.

Messieurs,

Cte d'ALSACE. — Cte Ph. d'ALSACE. — Cte d'A-
MILLY. — Mis d'AUDIFFRET-PASQUIER. — AR-
NAUD de l'Ariège. — ADAM. — APPELTON.
— ARBUTHNOT. — PUISSANT D'AGIMONT. — Cte
de BERTHIER. — BERTIN. — O. P. H. BELMONT.
— Cte de BARRAL. — BRONSON. — E. D. BEYLARD.
— Cte CH. D. de BEAUREGARD. — Cte COSTA de
BEAUREGARD. — Bon de CARAYON LA TOUR. — Duc
DECAZES. — Louis CORDONNIER. — E. CORDON-
NIER. — CHANU. — CRUGER. — CANER. — DELA-
GARDE. — DESGENETAIS. — W. B. DUNCAN. —
B^{on} d'ESTE. — W. C. EUSTIS. — D. ENGLISH. —
FAIRMAN-ROGERS. — Vte B. de GIRONDE. — O.
GALLICE. — Mis de GUADALMINA. — B^{on} de la
GRANGE O'TARD. — GOOCH. — GOFFIN. — Cte de
GRAMONT D'ASTER. — GARDENER. — Cte JAMETEL.
— FOXHALL KEEN. — Bon LEJEUNE. — Guillaume,
Joseph, Louis et Lucien LAVESSIÈRE. — Donatien
LEVESQUE. — MAYEUR. — MEURINNE. — B^{on} de

NEUFLIZE. — Duc de LORGES. — Cte de POURTALÈS.
— Vte PERNETY. — de QUADRA. — Bon Edouard
de ROTHSCHILD. — Henri RENARD. — John SIMP-
KINS. — Paul SCHNEIDER. — H^{ble} M. SANDY'S. —
SIMPSON. — SCREPEL. — J. STERN. — Nathaniel,
E.-V.-R., John et Bayard THAYER. — W. G.
TIFFANY. — THORNDYKE. — B.-R. WINTHROP. —-
W.-S. WEBB. — Cte H. d'YANVILLE. — P. YTURBE.
— Bon ZUYLEN de NYEVELT. — Prince ZURLO.

Nous pourrions continuer cette énumé-
ration déjà longue, car Howlett donne
1200 leçons à quatre, par an.

Cte de CLERMONT-GALLERANDE.

Conseils Préliminaires

C'EST une erreur de dire qu'on a mauvaise main, la main dure ou pas de main ; la main n'étant qu'un instrument dirigé par la volonté et qui doit exécuter, instantanément, ce qu'on lui commande ; mais elle le fait plus ou moins adroitement, selon l'intelligence et les aptitudes de celui qui la dirige.

Quand on mène à quatre, à travers les grandes villes, il ne faut compter que sur soi, car il est rare d'être aidé par les autres cochers ; au contraire, le plus souvent, ils se mettent dans votre chemin.

Depuis que le Coaching s'est développé en France et en Amérique, mais surtout à Paris, grâce au propriétaire du *New-York*

Herald et à plusieurs autres Coachmen, tous
ces gentlemen sont d'accord pour dire que,
par mon enseignement, ils aiment ce genre
de sport.

Tous mes élèves, dans leurs dix premières
leçons, font les dix parcours formant l'ensemble de mon enseignement gradué ; mais je ne
prétends pas dire pour cela qu'ils soient des
cochers parfaits, et cependant ils en savent
assez pour surmonter des difficultés sérieuses.

La première leçon est un vrai brouillard
pour l'élève, il ne sait quelle guide toucher et
presque toujours, touche celle qu'il ne faut pas.

Beaucoup de cochers n'ayant aucune
idée de la sensibilité de la bouche d'un cheval, tirent dessus comme sur un cabestan.
Quelques-uns même me disent : Je suis très
fort et puis conduire deux heures, regardez
mes bras; je fais des haltères, etc., etc. Ce
sont très souvent ceux-là qui se rendent les
premiers. Ce n'est pas tant la force qu'il faut,
c'est la manière de s'en servir. Je citerai comme
exemple un amateur qui me disait : « Quand

il faut de la force physique, je puis asseoir
mes quatre chevaux sur les jarrets. » Un jour,
où il aurait pu montrer sa force, il était
tellement rendu, que si je n'avais pas été là
pour prendre les guides, nous allions droit
dans une rivière. J'avoue que l'un des chevaux
tirait, mais cet hercule se croyait si sûr de
lui !

Un autre monsieur, bien connu pour ses
beaux équipages (il possède aussi un coach)
enfin un vrai amateur, est venu également me
trouver pour prendre une seule leçon, afin de
se perfectionner. Dans son heure de leçon il
a vu tant de choses nouvelles pour lui, qu'en
descendant du siège il m'a dit : Je croyais
que je savais et je vois que je ne sais rien. A
la suite de cette leçon il est devenu un de
mes élèves les plus assidus.

Pour mener il faut savoir bien embou-
cher ses chevaux. Presque tout le monde a
une *manière à soi* de le faire; mais je dois
dire ici qu'il n'y a pas de *manière* et que chaque cheval réclame une embouchure spéciale,

laquelle bonne avec l'un, sera détestable avec
un autre.

Il est indispensable de se servir du mors
qui convient le mieux au cheval, mais il
faut savoir le trouver et ensuite l'ajuster.
Ainsi un de mes clients auquel j'avais prêté
un mors excellent, et qui était précisément
celui qui embouchait le mieux son cheval
tireur, vint un jour me trouver, pour me dire
que ce mors n'empêchait nullement le cheval
de lui arracher les bras ; je vis que cela pro-
venait non du mors, mais de la manière dont
il était ajusté. Je le plaçai d'une façon con-
venable et, cinq minutes après, le propriétaire
me disait : « Mais je ne reconnais plus mon
cheval, tellement il est léger à la main. »

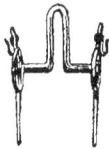

Je donne ici la forme de cet
excellent mors... et la façon de
s'en servir !

Il se compose essentiellement
d'un mors droit ordinaire, avec
un immense passage de langue de $0^m 11$ c. de
hauteur, appelé *gorge de pigeon*.

La majeure partie des chevaux que l'on achète à un certain âge, ayant habituellement été menés par de mauvais cochers, ont les *barres* absolument insensibilisées ; il faut donc, pour les avoir légers à la main, trouver le moyen de faire porter le mors sur une surface vierge ; mon mors précisément remplit le but cherché.

Les guides étant placées en dessous du centre de l'embouchure, au moment où elles commencent leur tension, la gorge de pigeon fait bascule autour du centre de cette embouchure, et vient toucher le palais du cheval ; à la condition, toutefois, que la *gourmette* soit assez lâche pour le permettre et que la *muserolle* soit suffisamment serrée, pour empêcher le cheval d'ouvrir la bouche ; sans cela il évite le contact du mors. Il va sans dire, que plus on place les guides loin du centre du mors, plus la puissance de bascule de la gorge de pigeon est augmentée. J'expliquerai au chapitre des harnais comment la muserolle doit être faite pour fermer la bouche d'un cheval.

Si pendant une promenade un cheval se
met à vous arracher les bras et que vous
n'ayez pas de grand mors dans la voiture,
voici un excellent moyen pour l'en empêcher.
Vous décrochez la gourmette d'un côté, vous
la passez autour de la muserolle et vous la
raccrochez un peu serrée. De cette façon elle
porte sur une partie vierge, empêche le mors
de jouer aussi facilement et rend le cheval
plus souple.

Je connais des gentlemen de toutes na-
tions, qui me disent que mes chevaux sont
agréables à conduire, c'est qu'ils sont bien
embouchés, car j'ai souvent des chevaux
coquins, ayant de mauvaises bouches; mais
je les ajuste de telle sorte que les dames
peuvent les conduire.

Un Lord très connu m'a dit un jour : Je
loue souvent quatre ou cinq *teams,* pour faire
une route en Angleterre, mais je n'en ai jamais
eu d'aussi bons que les vôtres et d'aussi bien
embouchés. Il y a longtemps de cela, mais
c'est une satisfaction pour moi de savoir que

Tournant à angle aigu, à droite (voir page 112), au bois de Boulogne, entre le pavillon d'Armenonville et le boulevard Maillot.

je peux satisfaire les gentlemen anglais, quoique demeurant à Paris.

Dans le menage à quatre, les quatre
guides devant être placées dans la main gauche et y rester à poste fixe, il est indispensable qu'elles soient parfaitement ajustées,
c'est-à-dire qu'elles soient également tendues. J'appelle cette main gauche le *pivot*.

Il faut mettre de l'ordre dans ses *commandements* et donner aux chevaux le temps de
les exécuter. Il faut aussi que les guides ne
soient pas trop tendues, car si elles l'étaient
trop, elles provoqueraient l'arrêt sur le premier commandement.

Bien des personnes croient que les chevaux doivent leur obéir, simplement parce
qu'elles ont dans l'idée ce qu'elles veulent
leur faire faire; elles s'étonnent que les pau-
vres bêtes ne leur obéissent pas. Si vous
voulez faire un **L** et que vous ne fassiez que
le premier jambage, vous aurez formé un **|**
et non un **L**; de même si vous ne faites à
vos chevaux que la moitié d'un commande-

ment, il est impossible qu'ils l'exécutent en entier.

On dit que mes chevaux marchent seuls; que l'on essaye de les mener et l'on changera vite d'avis. Pour moi je n'ai jamais trouvé de chevaux, même les mieux mis, pouvant faire un **∞** d'eux-mêmes.

Les guides, glissent toujours des mains, cela provient de ce que l'on ne ferme pas suffisamment les doigts et que souvent on enferme le pouce dans la main avec elles.

Supposez une personne qui se noie, et à laquelle vous jetez une corde, elle la saisira instinctivement à pleines mains, le pouce sur l'index, venant compléter la fermeture des doigts. Dans tout menage, la position des doigts doit être la même que celle de cette personne qui se noie.

Même pour le menage à un ou deux chevaux, bien peu de cochers, amateurs ou professionnels, se rendent compte de la place où les guides doivent passer, dans la main, pour donner la plus grande force possible, avec le minimum d'effort : c'est sur l'attache de l'index dans la main gauche et sur l'attache du petit doigt dans la droite.

Pour le menage à quatre, les deux doigts qui tiennent toutes les guides sont le petit doigt et l'annulaire de la main gauche, aussi ces deux doigts doivent toujours être fermés.

Tous ceux qui savent ou croient savoir conduire, trouveront peut-être que voilà beaucoup de phrases pour dire peu de choses. Je leur répondrai que j'écris, non pour ceux qui savent, mais pour ceux qui veulent apprendre ou se perfectionner.

Quand je mène, j'aime à *goûter*, avec ma main, ce que je fais. Beaucoup de personnes ne savent pas quel plaisir il y a à toucher la bouche d'un cheval; elles croient qu'en donnant une secousse à droite ou à gauche il doit tourner. Quelques-unes font pis encore; elles donnent de grandes secousses avec la guide et déchirent la peau des barres; elles ne souffriraient pas la centième partie de ces secousses sur leurs gencives. Par ces mouvements bru-

taux on crève la peau et l'on fait des plaies, qui
amènent des suppurations. Ces suppurations
sont très longues à guérir et rendent le contact du mors extrêmement douloureux. Ceci
arrive quand on s'emporte et parce que le
cheval ne comprend pas votre idée. Vous
blâmez le cheval, et c'est vous qui avez tort.
Combien de fois aussi, quand le cheval ne
fait pas tout à fait bien, arrive le coup de
fouet, donné mal à propos. J'ai dit bien
souvent que c'est le cocher qui devrait recevoir les corrections et non le cheval. Je n'ai
jamais aimé battre les chevaux, et avec des
traitements doux je suis arrivé à obtenir ce
que je voulais d'eux, mieux qu'avec la bru-
talité. A mon point de vue un cheval a besoin
du fouet quelquefois, pour un passage difficile; alors je frappe fort, une ou deux fois, et
dans ce cas je laisse une marque.

Bien des personnes ne croient pas que
l'on puisse couper la peau d'un cheval avec
un fouet à quatre; cependant j'ai coupé, sur le
flanc d'un cheval de volée, environ huit cen-

timètres de longueur, dont les trois du milieu allaient jusqu'à la chair. Une autre fois j'étais sorti avec un élève conduisant ses chevaux ; le cheval de volée de droite ne voulait pas tourner à gauche, je lui ai *posé* un coup de fouet, quand tout l'attelage excepté lui était sur la gauche ; mon coup de fouet l'a *porté* à sa place.

Un autre : un amateur très connu, a passé avec moi un moment très accidenté à la fontaine Saint-Dominique. Après avoir essayé inutilement d'en faire les tournants, à cause d'un cheval de volée récalcitrant, je fis une expérience. Je lui posai en dedans un vigoureux coup de fouet depuis l'oreille jusqu'à la queue ; la marque lui en est restée, mais nous sommes passés !

Au dernier concours hippique, j'avais un cheval de volée de gauche qui refusait d'entrer par la porte des Champs-Élysées, se jetant à gauche ; je lui ai posé deux coups de fouet sur le côté gauche et j'ai passé cette première porte ; mais quand il a fallu s'arrêter pour faire ouvrir la seconde, ce même cheval, effrayé par ce passage noir, voulait monter l'escalier de droite. Trois ou quatre cents personnes entouraient la voiture, et un accident très grave pouvait se produire ; j'ai encore eu recours à mon fouet et j'ai appliqué en dedans de ma volée de gauche un coup de fouet qui m'a porté au milieu du concours hippique.

Le fouet est indispensable et ceux qui veulent apprendre à mener sans lui, ont grand tort, car lorsqu'ils ont envie de le prendre, dans la suite, ils le trouvent gênant et le remettent dans le fourreau. Je fais prendre le fouet à mes élèves dès la première leçon, et, pour les obliger à le garder en main, je n'ai pas de fourreau à ma voiture.

Typ. Panault et Cie.   Cliché Ch. Hickel.

Tournant à angle aigu, à gauche (voir page 117), au bois de Boulogne,
entre le pavillon d'Armenonville et le boulevard Maillot.

Le Fouet à Quatre

ET LA MANIÈRE DE S'EN SERVIR

Je vais donner la façon de *poser* quelques coups de fouet, mais d'abord quelle est la longueur du fouet ?

Depuis la virole du bas, jusqu'au nœud de cuir, 1^m54 c. et du nœud à la pointe de la *monture* 3^m8o. Je n'aime pas les mèches en fil de fouet ni celles en soie, parce qu'elles sont trop légères et collent quand elles sont mouillées; je préfère la pointe en cuir qui se vend en Angleterre.

Ayez toujours votre fouet suspendu, quand il n'est pas en service, sur un cercle

3

de 0ᵐ12 de diamètre; ne rallongez jamais la courbe de la monture à l'endroit de la baleine, parce que cela finit toujours par casser le fouet au collet ou tout au moins à ployer le collet, ce qui empêche la monture de pouvoir frapper vigoureusement. Je préfère un fouet un peu lourd à un fouet trop léger, car on peut toucher un cheval légèrement avec un fouet lourd, tandis qu'il est impossible de frapper fort avec un fouet léger; c'est un *outil* et non un *jouet*.

Vous prenez votre fouet aux trois quarts de la poignée, laissant la seconde virole au-dessus de votre main droite, avec le bout de la monture dans la gauche; vous déposez ensuite le bout de la monture dans la main droite, en laissant pendre, en dehors de cette main de quinze à trente centimètres. Maintenant il s'agit d'enrouler *selon les règles* la monture sur son manche, ce qui s'appelle *faire la double monture*.

Je trouve ma façon la plus facile, car huit fois sur dix on parvient à la faire. Avec ma

méthode tous les élèves apprennent à enrouler leur monture en cinq minutes, tandis
que beaucoup de meneurs ne sa-
vent pas le faire après dix ans de
pratique. Tout cocher à quatre
doit, quand il conduit, avoir sa
monture enroulée comme je vais
l'indiquer : Vous tenez votre fouet
comme il a été dit plus haut, et
le placez presque horizontalement en travers du corps, votre
main droite au niveau du creux de l'estomac
et à environ dix centimètres de
ce point, nous appellerons cela
la position *un*. Vous allez sans
balancement, pour conserver
la monture pendante au-dessous du bois, jusqu'à environ
un tiers de cercle à droite, en
montant le bras pendant toute
la durée du mouvement, posi-
tion *deux*. Souvent on est un peu trop haut,
alors on baisse de vingt à trente centimètres,

selon le cas, le bout courbé du fouet. Les
autres mouvements que nous allons indiquer
doivent être faits sans arrêt et n'en forment
à proprement parler qu'un seul : Vous baissez
vivement votre fouet d'un mètre à peu près,
ce qui rend le bois presque
horizontal ; à ce moment vous
frappez de droite à gauche sur
la monture qui pend, et vous
arrêtez le coup quand vous êtes
arrivé complètement à gauche,
dans la position *un ;* telle est
la position *trois.* Le fouet sera
alors un peu bas, mais vous le
relèverez au point où vous le portez habituellement, et vous aurez un fouet bien enroulé.
La monture devra pendre environ d'un mètre
en double, si vous n'avez pas manqué votre
coup. Dans une monture bien enroulée la dernière boucle doit porter sur les fils d'attache.

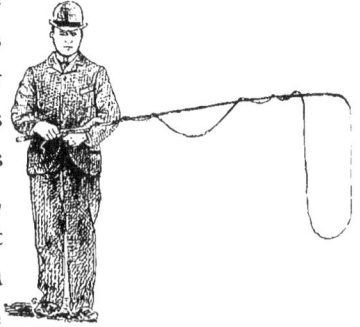

Quand on a enroulé une monture deux
ou trois cents fois, à différents intervalles,
comme je viens de le dire, le poignet acquiert

une certaine souplesse, qui lui permet d'obtenir l'enroulement, en passant simplement de
la position *un* à la position *deux*.

Il est de règle de ne pas laisser la monture enroulée dans les deux sens. Une fois que
la double monture est faite, vous la prenez
avec la main gauche à l'endroit où l'enroulement change de sens, vous tirez la partie du
bas et la placez dans la main droite. De cette
façon le fouet est bien porté; la monture
n'est plus enroulée que dans un seul sens, ce
qui facilite son déploiement, quand on a
besoin de s'en servir pour la volée.

Maintenant que votre fouet est convena-
blement enroulé, vous pouvez toucher l'un
ou l'autre des timoniers. Pour celui de gauche
vous n'avez qu'à jeter votre monture en avant
sur son épaule gauche. Pour celui de droite,
partez de la position *un*, faites un demi-cercle
à droite et laissez-lui tomber toute la monture sur l'épaule droite. Les épaules intérieures des chevaux peuvent être touchées de la
même manière. Faites bien attention à ne

jamais frapper avec la courbe ou le bois, surtout sur les clefs du *mantelet*, car cela peut
casser votre fouet.

Pour toucher votre cheval de volée de
droite, vous passez votre fouet de gauche à
droite et vous le déroulez entièrement. Arrivé
au dernier anneau vous ouvrez les doigts et la
monture s'envole; vous faites avec la monture un cercle en sens contraire du mouvement des roues, vous revenez rapidement en
avant, en arrêtant le manche à la hauteur du
mantelet, à 75 centimètres d'écartement du
timonier de droite. La monture, avec l'élan acquis, continue son mouvement et va se livrer
jusqu'au cheval de volée, qu'elle frappe sur les
jambes de derrière sous la volée d'attelage.

Envoyez toujours vos coups de fouet plus
loin qu'où vous voulez aller, car il est impossible d'aller trop loin.

Quand le fouet a touché le cheval, si vous
voulez ramener la monture en arrière, écar-
tez-le un peu de vos chevaux et placez-le en
travers de votre bras gauche, donnant le temps

Typ. Pairault et Cie.

Tournant du Trocadéro, angle aigu, à droite (voir page 112).

à la monture de se déposer. Ne soyez jamais
trop pressé de reprendre la monture, ni de
vous en servir.

Pour la volée de gauche, vous déroulez
votre fouet sur la droite ; au dernier tour vous
jetez la monture par dessus votre attelage,
de façon qu'elle tombe du côté gauche de la
voiture ; vous faites faire à la monture un
cercle en sens contraire du mouvement des
roues, vous revenez rapidement en avant, en
vous arrêtant à la hauteur du mantelet du
timonier, et vous donnez le temps à votre
monture d'aller toucher le cheval sur la jambe
de derrière en dessous de la volée d'attelage.

Pour ramener le fouet à la position *un*,
vous lancez votre monture, de façon à la
faire passer à quatre mètres au-dessus des
oreilles de la volée, et par une petite secousse de la main vers la droite, vous faites
continuer à votre monture son mouvement
circulaire, qui la ramène à votre bras gauche,
dans la position *un*. Rappelez-vous qu'il ne
faut pas arrêter le mouvement en chemin, car

vous auriez une déviation de la monture et
elle n'arriverait pas sur votre bras.

Si vous voulez donner un coup à votre
volée de gauche, rappelez-vous bien que
dans ce cercle en arrière fait avec le fouet, il
faut que la monture tourne autour du manche, comme une roue sur son essieu. Faites le
cercle avec le manche en avant de vous, de
façon à ne pas venir toucher la figure de votre
voisin. Ne faites jamais claquer votre fouet
en le ramenant en avant; donnez-lui le temps
de tourner et il ne claquera pas.

Deux coups de fouet à la volée de droite et
de gauche peuvent être combinés : vous touchez
d'abord le cheval de droite; le coup donné,
vous ramenez en arrière tout autour de la voiture, assez haut pour ne toucher personne, et
vous finissez comme au coup précédent, la
courbe du fouet au mantelet du timonier de
gauche.

Je frappe rarement un cheval deux fois à
la même place, car cela peut le faire ruer.
Quand mon fouet est déroulé et ouvert, posi-

tion *un*, je fais, une fois la monture étendue
du côté gauche de la voiture, un grand cercle
dans le sens où tournent les roues; quand
ce cercle est fini je porte mon bras à droite
et la pointe tombe sur le cou, ou entre le
mantelet et le collier, en dedans de ma volée
de droite; sans m'arrêter je ramène ma monture en arrière, je fais un cercle en sens contraire des roues, je jette ma monture en avant
et la pointe porte sur les jambes de derrière
sous la volée d'attelage; ou si je ne baisse pas
trop la main le coup porte tout le long du flanc.

Dans ces coups, j'ai vu la pointe s'enrouler deux ou trois fois autour de la jambe;
mais il faut attendre qu'elle se déroule seule.
Ce qui a lieu presque immédiatement.

Pour le coup double au cheval gauche de
volée, déroulez le fouet sur le côté droit de la
voiture et, au moment où vous venez de lâcher la monture, ramenez votre main à gauche, en visant le cou ou l'épaule intérieure
du cheval de volée de gauche; le coup donné,
ramenez votre fouet en arrière, sur la gauche

de la voiture, faites un cercle en sens contraire des roues, puis ramenez le fouet en
avant, au niveau du mantelet du timonier,
où vous vous arrêtez; la pointe continuera sa
course, par suite de l'impulsion donnée et
ira toucher la jambe gauche, au-dessous de
la volée d'attelage; avoir soin de ramener la
monture à soi dès que le coup s'est *livré*.

Quand le temps est mauvais et qu'il y a
de la boue, je ne me sers pas du coup en dessous de la volée, parce que la monture se
mouillerait et sallirait ensuite le pardessus,
les gants et les guides.

Coup de fouet au cheval de volée de
gauche, en dessous de la volée d'attelage,
en passant entre le poitrail du timonier
et les jarrets du cheval de volée de droite;
placez votre manche, la monture déployée
sur la droite de votre voiture, il doit faire
avec le timon et l'essieu un angle de 45°.

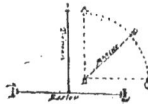

Faites avec votre monture un
cercle à droite et revenez vivement sur le timonier, comme

si vous vouliez le frapper sur l'épaule avec le manche. Arrêtez brusquement le manche quand il arrive à un mètre environ de la pointe de l'épaule. La monture, avec l'élan acquis, continuera le mouvement, elle passera entre le poitrail du timonier et les jarrets du cheval de volée de droite, sous la volée d'attelage et ira frapper le cheval de volée de gauche sur les jambes de derrière.

Ce coup de fouet est indispensable quand un obstacle quelconque vous empêche de donner un coup sur la gauche.

On peut de même frapper le cheval de volée de droite en passant entre le poitrail du timonier et les jambes de derrière du cheval de volée de gauche, mais ce coup est très difficile à donner et demande une très grande habitude.

Un excellent exercice pour apprendre à donner un coup de fouet, vigoureux et sans bruit, à la volée, est le suivant :

Vous supposez avoir devant vous, à la hauteur du menton, un huit couché horizontalement. Vous

en suivez les contours avec le poignet, la
monture largement déployée, décrivant elle-
même, dans les airs, un huit énorme. Vous
marquez avec le poignet un léger temps
d'arrêt, chaque fois que vous revenez à l'intersection des deux boucles, la monture
va alors s'étendre devant vous, comme si
vous donniez réellement un coup de fouet, et
elle fait entendre à son extrémité un léger
" toc ", si toutefois l'arrêt du poignet a été
assez brusque pour le produire.

Pour donner un coup de fouet vigoureux
et sans bruit, il faut commencer le mouvement doucement et en accélérer progressivement la vitesse, jusqu'au moment de l'arrêt
brusque du manche. Plus la vitesse sera
grande au moment de l'arrêt et plus cet arrêt
sera brusque, plus le coup frappé par la
monture sera vigoureux.

Si quelquefois vous voulez frapper vos
chevaux de volée en dedans, envoyez le coup
bien droit entre les oreilles de vos timoniers
et ramenez doucement votre monture, car il

faut éviter qu'elle ne s'enroule autour des
guides intérieures des timoniers, ensuite jetez-
la en dehors des timoniers pour qu'ils ne la
coupent pas en marchant dessus. Conservez
votre manche de fouet haut et carrément à
travers la voiture, quand il est déroulé.

Pour qu'une monture s'enroule facilement autour du manche il est indispensable
de la savonner tous les jours avec du savon
de Marseille.

Les Guides

Soyez toujours attentif à vos guides, parce que si vous étiez un peu embarrassé avec le fouet et si vous aviez de la peine à ramener la monture à vous, les chevaux ne se sentant plus maintenus iraient à leur idée, qui parfois est mauvaise.

Toutes les guides neuves sont raides et désagréables, mais en les travaillant elles acquièrent la souplesse indispensable pour un usage facile.

La longueur des guides intérieures des timoniers, de l'extrémité d'une boucle à l'autre est de $2^m\,25$; si l'on dépasse cette longueur les boucles d'accouplement viennent dans la main, dans les demandes d'arrêt ou d'opposition. Pour les guides d'un break, cette longueur doit être de 2^m 70.

On fait faire les guides de la largeur appropriée à la main de chacun, un pouce (26$^{mil.}$ environ) convient en général à tout le monde ; il ne faut pas les avoir trop étroites, car elles glisseraient des mains. On peut serrer une corde et non une ficelle.

Il est très utile d'avoir sur les guides de volée, à l'intersection des accouplements, une *barrette* transversale empêchant la boucle de traverser la *clef du mantelet*, car si cette boucle traverse facilement la clef, en allant vers la tête du cheval, elle s'accroche souvent en revenant et dans ce cas, un accident grave peut se produire. En effet vos guides accrochées ne vous permettent plus d'agir de ce côté sur les mors de vos chevaux de volée ; aussi se portent-ils brusquement de l'autre côté, sur lequel les guides ont conservé leur pression sur les mors. Ils tournent donc immédiatement en cercle, si vous êtes sur une·place, et vous entraînent d'autorité dans le fossé ou le précipice, si vous êtes sur une route. La meilleure barrette est celle en cuir placée sur les *martingales* de la bride de selle, mais ayant à l'intérieur une baleine pour en augmenter la rigidité. Les barrettes frappant, au trot, la croupe des chevaux de volée, il est préférable d'en arrondir les extrémités.

Presque tous les Anglais font démarrer leurs chevaux avec le mors et non avec le collier, ce qui les empêche de partir, surtout s'ils sont finement embouchés. J'embouche très finement mes chevaux, et cependant tous mes élèves, même les débutants, les font démarrer, à la condition de leur donner suffisamment de guides.

Beaucoup d'amateurs mènent un ou deux chevaux à quatre guides; qu'ils ne croient pas que cela les prépare au menage à quatre. J'ai remarqué que ce sont ceux-là, au contraire, qui ont le plus de difficultés à s'y mettre, habitués qu'ils sont à laisser filer les guides à travers leurs doigts pour les avoir

Tournant du Trocadéro, angle aigu, à gauche (voir page 117).

alternativement pendantes, de manière à jouer, comme ils disent, avec la bouche du cheval.

Le cocher qui mène à quatre guides se croit au-dessus de la moyenne; que le cheval en ait besoin ou non il les met, et souvent pas une des guides n'est en correspondance avec la bouche du cheval. Ce serait très drôle de voir un de ces cochers menant quatre chevaux avec huit guides. Si l'on veut se servir de doubles guides, ou guides de sûreté, elles doivent être bouclées au mors en bas; et les autres sur le filet, c'est la meilleure manière.

Les guides doivent être de même largeur, cependant on fait souvent les guides de sûreté plus étroites; c'est un tort, car il est impossible de les serrer dans la main, ce qui fait qu'elles glissent toujours. Pour les guides à quatre, c'est la même chose, toutes doivent être pareilles. Il ne faut jamais avoir de mains de guides piquées, car elles ne jouent pas aussi bien que celles en cuir simple.

4

En donnant une leçon un jour, j'ai rencontré au trois quarts des Champs-Élysées, un attelage montant vers l'Arc-de-Triomphe ; avant d'arriver à la rue du Bel-Respiro, les chevaux se sont tous mis à *rétiver*. Toutes les personnes qui étaient sur la voiture essayèrent en vain de les faire démarrer ; on m'envoya chercher ; je trouvai en arrivant, l'attelage en travers de l'avenue ; n'ayant pas de place pour tourner et descendre la côte, je fus obligé de la monter. Je regardai tous les chevaux, que je ne connaissais pas encore, et après avoir ramassé mes guides, je leur demandai *poliment* d'avancer ; ils répondirent l'un après l'autre ; deux revinrent en arrière quand ils sentirent le collier, mais j'étais *si poli*, qu'ils démarrèrent néanmoins, et peu de temps après je pouvais les arrêter et les faire repartir de nouveau, comme bon me semblait. Je suppose que j'avais touché leur corde sensible.

Il est souvent très désagréable de mener quatre chevaux à un propriétaire qui vous dit tout le contraire de la vérité, non avec intention, mais par ignorance.

J'ai beaucoup contrarié un débutant en lui disant que les chevaux ne pesaient que *deux onces* dans la main, quand il trouvait que c'était *deux tonnes;* mais quelque temps après, alors qu'il en savait plus long, il me dit en me montrant les guides : M. Howlett, *une once et demie.*

Un gentleman venant de l'autre côté de l'Océan trouvait les refuges des Champs-Elysées très encombrants, ils étaient toujours devant sa volée..... Je lui promis en riant de m'occuper de les faire enlever; mais après quelques leçons mon élève me priait de retirer ma demande, les refuges ne le gênant plus.

Que de fois l'on m'a dit : je peux mener n'importe quels chevaux ; donnez-moi des enragés; j'ai mené des chevaux sauvages dans les montagnes ! six à la fois ! C'est possible, mais dans ces montagnes il n'y avait ni fiacres, ni voitures à bras, ni portes cochères, ni *coins à rebours!* Et bien, ces soi-disant forts meneurs ne peuvent conduire quatre chevaux bien mis à travers Paris, et quand ils voient un de *mes parcours*, ils disent : Il n'est pas possible de passer là, je n'ai pas envie de tout casser ; mais j'insiste, ils font ce que je leur dis, passent, et sont étonnés après six leçons, de se trouver si loin, dans Paris.

Pour entrer dans ma cour c'est encore une affaire! et pourtant tous mes élèves y arrivent facilement. Un étranger me dit encore à ce propos : tout va bien parce que vos chevaux sont parfaitement embouchés, tandis que les miens sont si bêtes et si désagréables!

Quand il fût retourné chez lui et qu'il eut attelé ses chevaux à ma manière, il vit avec étonnement, qu'ils lui obéissaient, dès la première fois, aussi bien que les miens et tout simplement parce qu'il pouvait alors les commander.

J'étais un jour à une réunion de coaches sur un champ de courses; un de ces coaches était chargé de monde et son propriétaire sur le coussin de guides; il fallait le voir quitter le champ de courses, avec les guides et le fouet dans ses mains. C'était quelque chose d'incroyable ! Un homme à la tête de chaque cheval, le cocher donnant des ordres partout à la fois : Allez, Guillaume, tirez à gauche; Jean, n'allez pas si vite; Robert, frappez votre cheval; Joseph, tirez à droite; et toute espèce de commandements plus affolés les uns que les autres. C'est incroyable de voir des personnes assez courageuses, pour monter sur des voitures menées d'une façon pareille, qui par miracle, rentrent cependant quelquefois sans accident. Il va sans dire que le propriétaire du coach reçoit à l'arrivée les compliments d'usage !...

Cela me met hors de moi de voir passer pour bon cocher un homme qui répondrait, si on lui demandait à quoi il sert sur le coussin de guides : Mais à dire à mes hommes ce qu'il faut faire, ne pouvant y arriver moi-même.

Pour se dire Coachman il ne suffit pas de

pouvoir diriger quatre chevaux sur une grande route, il faut aussi pouvoir passer avec son attelage partout où une voiture à deux chevaux passe aisément. Mes anecdotes ci-dessous en sont la preuve.

Je suis allé avec un coach dans un atelier de peintre en voiture, où il était très difficile d'arriver ; j'ai tourné et suis ressorti. Mais un jour un de mes clients, ayant à aller dans le même atelier, y a fait entrer son cocher avec deux chevaux sur un coupé ; il lui a été impossible de tourner pour ressortir, même en faisant des retraites. On a été obligé de porter le derrière de la voiture. Le cocher était fort en colère, mais il n'avait à s'en prendre qu'à son peu de savoir.

Un jour, au restaurant de Madrid, au bois de Boulogne, un étranger prétendant savoir conduire à quatre, proposa au propriétaire d'un coach de sortir son attelage par la porte de la cour, de passer la porte de droite, de rentrer par la porte de gauche et enfin de tourner dans la cour pour revenir au

Typ. Pairault et Cie.

Cliché Ch. Hiekel.

Retraite à droite, position A (voir page 123).

point de départ. Le propriétaire paria mille
francs contre cinq qu'il ne le pourrait pas :
le pari fut tenu. J'étais sur le *box seat;* nous
avons passé par toutes les portes et fait le
tournant dans la cour...... comment !......
par quel heureux hasard !...... je n'en sais
vraiment rien, car les guides étaient tellement emmêlées, dans les mains du malheu-
reux cocher, qu'il fut incapable d'arrêter, et
sa volée entra presque dans la salle à gauche de la porte cochère. Il perdait ainsi un
pari qu'il aurait dû perdre beaucoup plus tôt
sans une chance inouïe ! La morale de cette
histoire est que beaucoup de meneurs se
croient habiles pour avoir dirigé un attelage
sur une grande route, et cependant ils sont
tout à fait incapables d'entrer dans une
cour, où de sortir d'une porte cochère dans
Paris.

Mais revenons maintenant aux choses
sérieuses.

Si un jour de mauvaise chance un cheval
ne peut continuer la route et qu'il vous faille

rentrer quand même, attelez en *arbalète* (deux
chevaux au timon et un en volée); ôtez les
deux palonniers du maître palonnier, sur lequel vous attelez le cheval; allongez les traits
de deux ou trois points, pour éloigner ce cheval
du timon; remontez la guide de l'autre cheval, comme si vous aviez les deux chevaux,
seulement bouclez les guides du dehors sur le
mors, et les guides d'accouplement à la muserolle, à moins que vous ne puissiez glisser la
guide à travers les boucles et les passants de
votre accouplement. Dans ce cas vous aurez
des guides semblables à celles d'une volée de
tandem. Ayez soin en démarrant d'avoir ces
deux guides de niveau; pour cela regardez
les *entures* de vos mains de guides, comme
si vous aviez deux chevaux en volée. Il faut
faire attention que l'enture de la guide gauche
soit à six ou sept centimètres plus loin de vous
que l'autre, parce qu'elle est en biais, tandis
que la guide droite suit une ligne droite.

Faites attention, en prenant les guides
d'une personne qui les aura tenues pendant

que vous serez descendu du siège. Elle en
aura probablement laissé glisser une ou
plusieurs, ce qui ferait tourner les chevaux
quand vous leur demanderez le départ. Dans
ce cas regardez bien les entures des mains de
guides, pour vous assurer si elles sont également tendues; pour bien vous en rendre
compte vous regarderez l'endroit où les clefs
frottent le cuivre; vous donnerez ou prendrez
alors la quantité de guides nécessaire, pour
que le frottement soit devant les clefs, ou
tout au moins la plus grande partie. Ceci est
pour le jour, mais quand il fait nuit, c'est au
toucher seulement, que l'on peut s'en rap-
porter

Si vous voulez savoir combien votre volée
a trop de guides et de combien elle tire trop la
voiture, vous la sortez de la main gauche
et la raccourcissez jusqu'à ce que vous puissiez voir ou entendre, que les palonniers
tremblent sur le bout du timon; vous êtes
alors certain que la volée ne tire plus. A
ce moment vous lui rendez la quantité de

guides nécessaire pour lui permettre de se remettre dans le collier.

Pour descendre une côte, il est indispensable que la volée ne tire plus ; à ce moment les palonniers s'entrechoquant font un bruit continu, que l'on appelle *musique des palonniers.*

   . Les gants gênent souvent, car presque toujours on les porte trop étroits, ce qui donne des crampes aux mains. J'ai bien souvent prêté les miens à des élèves, parce qu'ils croyaient qu'il suffisait de les mettre pour bien conduire, mais malheureusement ils ne gardaient pas longtemps leur illusion. Pour mener agréablement, il faut se ganter au moins deux pointures au-dessus de sa pointure ordinaire.

Les Lanternes

Les lanternes ne doivent être placées sur un coach que la nuit, car le jour elles risquent d'être cassées par les voyageurs, et leurs glaces se couvrent de boue par les mauvais temps. Elles ne sont jamais placées trop bas sur une voiture, car elles sont destinées à éclairer la route et non le ciel.

Je me sers toujours de lanternes à bougies, trouvant qu'avec l'huile il y a souvent quelque chose qui ne va pas ; l'huile devient épaisse, la mèche tombe, etc. Les grands réflecteurs donnent beaucoup de lumière et, comme les lanternes croisent la route à une certaine distance, elles vous font voir que tout va bien quoique vous soyez dans l'ombre.

Une troisième lanterne, sous la planche des pieds est très bonne, car elle vous fait voir le milieu des chevaux, le timon, les palonniers ainsi que le terrain sur lequel vous voyagez. Ayez soin de faire placer cette lanterne de manière qu'elle ne touche pas les timoniers quand vous tournez. Je crois que c'est une grande inutilité d'avoir cinq lanternes et de plus c'est très gênant.

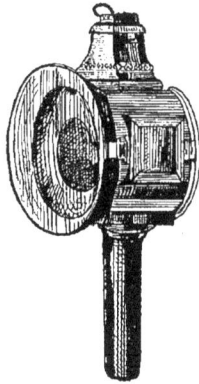

La Mécanique

La meilleure sorte de mécanique pour
enrayer les roues, est celle que l'on porte en
avant dans sa crémaillère. De cette façon plus
la pression devient pénible, plus la position
dans laquelle vous vous trouvez, vous permet
d'employer toute votre force. Celle que vous
tirez à vous est le contraire, car plus la tension de la mécanique devient pénible, plus la
position dans laquelle vous vous trouvez,
vous empêche d'employer toute votre force.
Quand vous poussez la mécanique en avant,
l'épaule gauche recule, quand au contraire
vous la tirez en arrière, cette épaule se porte

en avant; cela produit un rendement de guides, auquel les chevaux répondent en se sau-
vant, et c'est tout le contraire qu'il faudrait
leur faire faire.

Voici un cas; nous étions arrêtés un jour
à Bougival, allant à Saint-Germain, quand le
Monsieur qui conduisait me dit : que vos chevaux sont embêtants, Howlett, la volée est
toujours de travers. Je le voyais bien, mais
je savais qu'une observation à ce sujet aurait
été mal reçue. Cependant je profitai de sa re-
marque pour lui faire comprendre que cela
était de sa faute et qu'en rendant trente centimètres à la volée de gauche, tout serait
remis droit. Vous croyez, me dit-il ? Il vit que
j'avais dit vrai, pendant la seconde moitié
de notre voyage.

Mettez la mécanique chaque fois que
vous arrêtez, pour faire monter ou descendre
quelqu'un, ou pour vous-même, si vous avez
à descendre. Mais n'oubliez pas de la retirer
avant de démarrer, et cela toujours sans
bruit. J'ai bien souvent vu des chevaux, en

entendant frotter le levier contre la crémail-
lière, démarrer s'ils étaient au repos, ou se
sauver s'ils étaient en marche.

Le Sabot

Beaucoup de carrossiers mettent le crochet du sabot derrière l'arbre de la mécanique,
de sorte que l'on est obligé de passer un bras
entre les raies de la roue pour l'accrocher
Cela est incommode et dangereux, car si à ce
moment les chevaux avancent, on risque de
se faire casser les bras et l'on se brûle les
mains. Ce crochet doit être assez profond,
évasé du haut en dehors de la voiture et placé
entre l'arbre de la mécanique et le marche-
pied.

La Bride

Le modèle que je préfère est le modèle anglais. La boucle supérieure de l'œillère doit être mise de façon que la base en soit exactement placée au niveau supérieur de l'œillère. De cette façon, l'œillère joue facilement et, comme elle n'a aucun point d'attache fixe, elle peut s'écarter de la tête du cheval autant que l'épaisseur de l'os de l'œil (arcade zygomatique) l'exige. Souvent on a la mauvaise habitude, dans le modèle français, de coudre cette boucle de façon que sa partie supérieure arrive au niveau supérieur de

MODÈLE ANGLAIS

l'œillère, de sorte que l'œillère, ayant à cet endroit un point d'attache fixe, ne peut s'écarter de la tête du cheval; aussi le frottement dur qui se produit alors sur l'os de l'œil arrive-t-il rapidement à enlever la peau.

MODÈLE FRANÇAIS

Retraite à droite, position B (voir page 124).

Les Clefs de Têtière

Les clefs de têtière des timoniers doivent êtres rondes et cousues sur la sous-gorge, à la place où se trouvent généralement les anneaux d'enrènement. Placées à cet endroit, elles jouent librement quand le timonier baisse ou lève la tête; cela empêche la bouche des chevaux de volée de recevoir aucune secousse. Au contraire quand ces clefs sont placées soit sur le dessus des têtières, soit sur la cocarde, le timonier fait sentir tous ses mouvements de tête aux chevaux de volée. Cependant si un des chevaux de volée prend constamment la guide sous sa queue, je vous conseille de faire passer la guide sur le dessus de la têtière.

Dans le cas où vous désirez enrèner le timonier, il suffit d'avoir une barre dans la clef qui donne passage, en haut, à la guide de volée et en bas à l'enrènement.

La Muserolle

La meilleure muserolle est faite d'une seule pièce (voir ci-contre la bride, modèle anglais). D'un côté le porte-mors la traverse, ce qui l'empêche de tourner, de l'autre côté elle passe librement dans le porte-mors. Un passant fixe placé sur les porte-mors, à quatre centimètres de leur boucle, permet de tenir l'une contre l'autre les deux parties du porte-mors bouclées, ce qui est plus élégant.

La muserolle doit être assez courte pour pouvoir, *en cas de besoin*, fermer complètement la bouche du cheval, ce qui rend inutile la courroie employée généralement à cet usage.

La place de la muserolle est immédiatement au-dessus du mors.

Presque tous les selliers font les muse-
rolles trop longues, surtout la partie appelée
sous-barbe. Qu'elles soient d'une ou de deux
pièces, c'est à vous de vous arranger de manière à pouvoir fermer la bouche du cheval,
si vous en avez besoin.

Que de personnes ignorent l'utilité de la
muserolle ! Elle est pourtant indispensable
pour fermer la bouche d'un cheval, quand on
emploie le grand mors à gorge de pigeon
décrit plus haut, par exemple.

Le Trait

Quand un cheval est attelé et que l'on voit un angle dans le trait, de la pointe du collier à la volée, à l'endroit du mantelet, cela provient de ce que le trait est bouclé trop haut sur la courroie de mancel, ce qui a le grand inconvénient de fatiguer le cheval, qui supporte sur son dos une partie de l'avant-train, et lui occasionne des blessures à l'endroit du mantelet.

Les Chaînettes

Les chaînettes sont généralement trop serrées et empêchent le collier de porter sur le bas des épaules.

Il faut qu'un cheval soit à l'aise quand il est attelé, car il a de l'ouvrage à faire. Ne le gênez donc pas dans sa besogne.

A l'attelage à quatre, les chaînettes doivent être assez lâches pour permettre aux timoniers de pouvoir galoper si le cas s'en présente.

Les Croupières

Il ne faut pas que les courroies des crou-
pières de la volée dépassent le dernier passant, sans quoi les accouplements se pren-
draient dessous, ce qui pourrait occasionner
des accidents.

La meilleure croupière pour les chevaux
de volée doit avoir la forme d'un enrènement comme l'indique cette figure.

Les culerons cousus sont plus moelleux,
sur la croupe des chevaux, que ceux avec
boucle; ils les marquent bien moins, ne formant de grosseur nulle part, comme le font
les autres.

Typ. Pairault et Cie. Cliché Ch. Hekel.

Tournant de la fontaine Saint-Dominique (voir page 137).

Le Collier

Le collier doit être gros, bien rembourré, très uni à l'intérieur et bien ajusté à l'encolure du cheval. Un collier trop petit étouffe le cheval ; un trop grand lui use les épaules et le garrot.

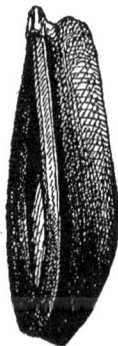

Le Timon

Presque tous les timons sont trop longs, particulièrement ceux des voitures à quatre chevaux.

J'ai souvent été obligé de faire raccourcir le bois de trente centimètres à l'endroit des crochets de timon, pour ne pas être si éloigné des chevaux de volée.

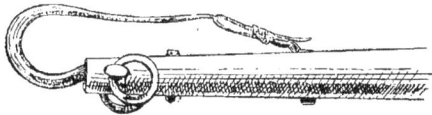

Les têtes de timon vissées sont bien dangereuses, la trompe n'ayant souvent que quatre pas de vis pour la tenir, ceux-ci sont vite usés, la trompe tourne seule et finit par tomber; il y a bien le crochet de sûreté mais

il est si faible, étant percé de trous pour les
boulons, qu'il ne lui reste presque plus de fer,
donc plus de force.

Ce qu'il faut, c'est un seul crochet, mais il
doit être bon et fort, car il supporte de rudes
secousses et quelquefois des coups de pied.

Je suis allé une fois à Robinson avec un
coach neuf, dont toutes les ferrures de timon
et de volée se sont allongées en montant la
côte, ce qui prouve que le carrossier avait
construit la voiture pour qu'elle soit bien élé-
gante à voir dans une remise, mais il avait
oublié de la faire assez forte pour qu'on puisse
s'en servir à l'extérieur.

PALONNIER

Les Palonniers

Les palonniers doivent être forts pour ne pas casser dans les secousses terribles qu'ils supportent. Leurs crochets doivent être munis de ressorts pour empêcher les traits de sortir. Le gros anneau du maître palonnier doit être assez épais, car il s'use rapidement.

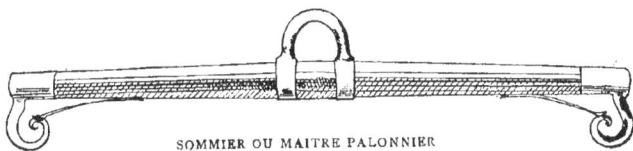
SOMMIER OU MAITRE PALONNIER

Martingale
et Courroies d'attelle

Les contre-sanglons de la martingale des
timoniers doivent avoir trente centimètres de
longueur du talon de la boucle à la pointe,
avec trois ou quatre trous de manière à faire
le tour du collier, en passant dans le crapaud
d'attelle ; cela évite que les attelles ne sortent
du collier dans un arrêt brusque. Une autre
chose essentielle à laquelle messieurs les selliers ne font pas assez attention, c'est que les
ardillons des courroies d'attelle portent assez
sur leur barre, surtout quand les boucles sont
enveloppées. Si la pointe de l'ardillon ne
porte que sur l'enveloppe, la résistance n'est
pas grande ; les attelles peuvent tomber sur

les jambes des chevaux et causer un malheur.
Ces courroies d'attelle jouent un plus grand
rôle qu'on ne se le figure, car ce sont les
deux ardillons des timoniers qui supportent
le poids, quand on retient ou quand on
arrête. Rappelez-vous donc d'avoir des courroies d'attelle fortes et munies de bonnes
boucles.

La Trompe

Il est d'usage d'avoir sur les coachs un homme sachant sonner de la trompe, pour faire ranger les voitures sur la route. Les trompes avaient autrefois trois pieds anglais soit 90 centimètres). On en tirait habituellement quatre notes, les virtuoses de la trompe arrivaient jusqu'à cinq ; l'usage en était assez pénible.

Aujourd'hui, on fait les trompes de 1 mètre à 1 mètre 30, elles donnent facilement cinq notes et sont plus agréables à sonner.

Les longues sont plus douces que les courtes, on peut arriver à en tirer jusqu'à six notes, mais elles ont l'inconvénient d'être encombrantes et trop fragiles.

Le son des trompes courtes est plus stri-
dent que celui des longues.

Elles se faisaient autrefois en cuivre
rouge, on les fait aujourd'hui plus habituellement en cuivre jaune.

On enveloppe l'embouchure de caout-
chouc, ce qui la rend moins froide aux lèvres
par les temps d'hiver.

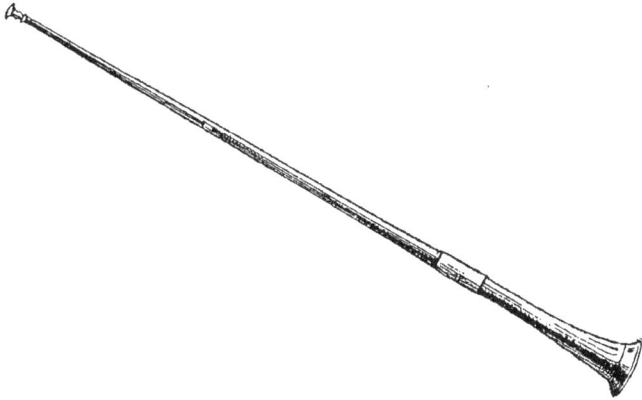

Le " Guard's Bag "

OU SACOCHE

Le *guard's bag* est une sacoche qui sert au garde des voitures publiques pour mettre sa feuille de route (*way bill*), la clef des coffres et une montre. Cette montre sert à indiquer au cocher le train auquel il doit marcher pour arriver à l'heure à chaque relai.

6

Le Panier

Il est indispensable d'avoir, sur un coach,
un panier destiné à débarrasser les voyageurs de leurs cannes, parapluies et ombrelles
Le garde y met aussi sa trompe. Le panier
doit avoir environ soixante-dix centimètres
de profondeur, trente de largeur et vingt-cinq
d'épaisseur. Il doit être accroché à gauche de
la voiture, sur l'avant-dernière banquette ; on
ne doit l'attacher qu'à sa partie supérieure,
de façon à ce qu'il puisse céder si on l'accroche contre une porte ou un arbre.

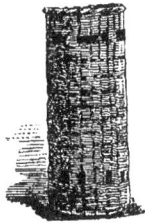

Troisième tournant, autour de la fontaine Saint-Dominique (voir page 137).

Coussin de Guides

Il faut que le coussin de guides soit assez plat pour que les cahots de la voiture ne vous fassent pas glisser en avant, et il faut qu'il soit assez long pour que les cuisses portent en plein jusqu'au pli des genoux.

Les coussins de guides comme on les fait généralement, hauts et très inclinés, ont le grand inconvénient de faire porter tout le poids du corps sur les jambes, ce qui est très fatigant pour faire une longue route. De plus, les cahots de la voiture faisant glisser le cocher en avant, le forcent à se remonter continuellement à sa place. Avec ces derniers coussins, les chevaux peuvent facilement arracher le cocher de son siège; avec les premiers au contraire, il est bien d'aplomb pour leur résister.

Siège de Guides

Les sièges de guides de presque toutes les voitures françaises étant établis trop en arrière, ont, comme le timon trop long, le grand inconvénient d'éloigner encore davantage le cocher de son attelage.

Les carrossiers ont sans doute de bonnes raisons pour les faire ainsi, mais ce n'est pas commode pour celui qui mène, car plus on est près de ses chevaux, plus on est sur eux, mieux cela vaut. La raison que les carrossiers invoquent pour construire les sièges de cette façon est que la planche à pieds toucherait la croupe des timoniers et les ferait ruer. Pour parer à cet inconvénient, ils n'ont qu'à placer cette planche un peu plus haut.

L'année dernière un élève m'acheta un

jeu de guides qui étaient coupées à la longueur nécessaire pour mener sur un *break*
ordinaire, mais le siège de sa voiture était si
en arrière des chevaux et son timon avait une
longueur tellement démesurée, que mes guides, cependant déjà longues, étaient trop
courtes pour qu'il pût s'en servir.

Plus les chevaux sont rapprochés du
cocher, plus le menage est agréable; par con-
séquent il est nécessaire d'employer tous les
moyens pouvant diminuer la longueur de l'attelage: timon court, crapaud aussi peu allongé
que possible, anneaux d'attache du sommier
n'ayant que la section suffisante pour lui permettre de passer facilement dans la courbe du
crapaud, crochets du sommier et des palonniers très courts, traits de volée n'ayant que la
longueur suffisante pour que les palonniers
ne touchent pas les jarrets des chevaux.

LA LEÇON

LA LEÇON

MANIÈRE DE PRENDRE LES GUIDES POUR MONTER SUR
LE SIÈGE.

Quand les chevaux sont attelés, faites le
tour de l'attelage pour vous rendre compte si
tout est en place ; remarquez surtout la façon
dont les chevaux sont embouchés, pour savoir
ce que vous aurez à faire, quand vous les mè-
nerez : soit pour reprendre ou donner des
points aux guides intérieures, soit pour serrer
ou desserrer la gourmette, soit pour baisser
ou remonter un mors, soit pour fermer la
bouche d'un timonier, etc., etc.

On monte à droite sur un coach. Le cocher
devant monter le dernier, serait obligé, sans

cela, de passer devant la personne assise sur le *box seat* (place à côté du cocher).

Pour prendre les guides, vous vous mettez au niveau du mantelet de votre timonier de droite, à environ quarante ou cinquante centimètres, le corps tourné vers les chevaux de volée. Vous sortez de leur attache les mains de guides qui sont glissées entre la courroie de mancel ou dans la clef, et vous les laissez tomber naturellement devant vous. Avec la main gauche vous prenez la guide qui passe dans la clef de milieu du timonier de gauche, vous la tirez à vous en la regardant glisser, à travers les clefs du mantelet de la volée de gauche. Faites attention de ne pas déplacer vos pieds, tirez la guide jusqu'au moment où vous sentirez les bouches de votre volée, mais tirez assez délicatement pour ne pas la faire reculer. Ensuite entr'ouvrez la main et descendez-la en suivant la guide, de façon à ce qu'elle vienne pendre naturellement le long du corps, mais sans vous baisser. A ce moment, serrez la

Entrée dans la porte cochère de la rue de l'Exposition
tournant à angle aigu, à droite (voir page 112).

guide, car la partie que vous tenez est celle que vous aurez dans la main lorsque vous serez sur le siège en train de mener.

Prenez ensuite la guide qui passe dans la clef du milieu du mantelet du timonier de droite, et faites la même manœuvre que ci-dessus.

La main droite n'a encore rien fait; elle doit alors commencer à vous servir, pour remonter à travers la main gauche la guide de volée de droite, jusqu'au moment où les bouts de mains de guides, pendant hors de la main gauche, soient de même longueur.

Si les chevaux de volée ne sont pas dans les traits et que la volée d'attelage soit pendante, donnez vingt centimètres de guides à la volée et encore vingt autres si les chevaux sont près du timon. Ils doivent être à soixante centimètres de la tête du timon quand ils tirent. Ensuite, mettez le médium de la main droite entre ces deux guides sans les raccourcir, et retirez-les de la main gauche. Prenez avec la main gauche la guide du timonier de gauche, entre l'index

et le médium, c'est sa place définitive. Tirez-
la à vous en regardant l'accouplement du timonier de droite, et faites délicatement, comme

POSITION I

pour la volée de gauche, afin de ne pas faire
reculer les chevaux. Glissez ensuite la main
gauche sous la guide du timonier de droite
jusqu'aux clefs du mantelet; à cet endroit

saisissez cette guide droite à pleine main
gauche et la tirez doucement jusqu'à ce que

POSITION 2

vous sentiez la bouche du cheval, puis avec
les doigts de la main droite ressortez la guide
au travers de la gauche, comme vous l'avez fait

plus haut pour la guide droite de volée. A ce
moment le médium de la main gauche se trouve
entre les guides de timon. Ajoutez-y les guides

POSITION 3

de volée, l'index les séparant et fermez bien
la main. Vous êtes ainsi prêt à partir, dès que
vous serez assis sur le coussin de guides du
coach *(voir la position 1)*.

Si vous montez sur toute autre voiture
qu'un coach, le coussin de guides étant plus en
arrière, il est nécessaire d'allonger les guides de

POSITION 4

vingt à trente centimètres; ce qui se fait en
maintenant toutes les guides avec la main
droite, placée devant la gauche, et en reculant
la gauche de la longueur voulue.

7

Au moment de monter sur le siège, prenez les guides dans la main droite, en intro-
duisant les mêmes doigts entre les mêmes

POSITION 5

guides. Si les mains de guides pendent d'un
mètre ou plus, il est bon de prendre avec la
main gauche les deux petites boucles et de
les accrocher sur le petit doigt de la droite.

Typ. Pairault et Cie.

La fontaine Saint-Dominique faite à reculons.

Vous prenez, avec la main gauche, le fouet placé sur le dos des timoniers et le mettez dans la main droite.

Pour monter sur le siège vous prenez, avec la main droite, la poignée de coquille; vous mettez le pied gauche sur le moyeu *(voir la position 2)*, le pied droit sur la paumelle de volée *(voir la position 3)*, en allant chercher la galerie de siège avec la main gauche; puis, vous portez le pied gauche sur le marche-pied de caisse *(voir la position 4)* et enfin le pied droit sur la coquille. Vous reprenez les guides avec la main gauche, gardant le fouet dans la main droite *(voir la position 5)* et vous vous asseyez, en maintenant la main gauche à quinze centimètres de la ceinture et en ayant soin, dans tous ces mouvements, de ne pas laisser glisser les guides. Vous êtes prêt à démarrer.

LE DÉPART

Maintenez les chevaux droits pour le départ. Mettez le médium de la main droite entre les guides des timoniers, tous les doigts grands ouverts, à quinze centimètres en avant de la gauche, et fermez-les en levant la main droite en dehors. L'extrémité des guides tombe derrière le petit doigt. Vous rendez ensuite la main gauche doucement et vous demandez aux chevaux de démarrer.

Si vous êtes contre le trottoir de gauche, mettez la main droite sur les deux guides de droite à quinze ou vingt centimètres de la main gauche; rendez la gauche et demandez le départ *(voir la position 6)*. Si vous êtes contre le trottoir de droite, mettez la main droite sur les guides de gauche à quinze ou vingt centimètres de la main gauche, baissez cette dernière et vous démarrez sans toucher le trottoir.

Faites démarrer vos chevaux avec votre appel de langue habituel, excepté quand vous êtes entouré d'autres voitures; il faut alors toucher légèrement la volée avec le fouet, le ramenant en travers des timoniers; surtout ne faites jamais de bruit avec le fouet.

Lorsque vous avez donné à votre volée la possibilité de démarrer, il faut, au moment où elle va arriver sur traits, rendre immédia-

POSITION 6

tement au timon, de façon à faire enlever la voiture par les quatre chevaux à la fois. Jamais vous ne devez permettre à la volée de démarrer seule la voiture, car dans ce cas vous risquez de casser un palonnier ou même le crochet de timon.

Ne demandez jamais plusieurs fois le départ, une seule suffit, et donnez toujours aux chevaux le temps nécessaire et assez de longueur de guides pour se livrer. Ne brusquez pas non plus le départ, car vous pouvez avoir une ou plusieurs guides à ajuster.

Si vous avez un cheval de volée lent au départ, ayez votre fouet déroulé, la pointe dans la main, de façon à pouvoir la lui envoyer pour le mettre à sa place. Si vous avez un cheval sourd, touchez-le avec la monture en donnant l'ordre du départ.

Quand on sort d'une cour dans la rue, il faut faire *peloton* au moment où les pieds de devant des chevaux de volée sont dans le ruisseau. Je vais donner l'explication du *peloton*.

LE PELOTON

Quand la tête des chevaux de volée arrive au niveau de l'angle du trottoir, vous prenez la guide de volée de droite entre le pouce et

l'index de la main droite (le pouce toujours en
dessus) à vingt centimètres de la gauche ; vous
amenez cette partie de la guide sous le pouce
de la main gauche (à ce moment la main droite

PELOTON A DROITE

est derrière la gauche), vous la gardez dans
cette position jusqu'au moment où les chevaux sont bien droits dans la nouvelle rue. A
ce moment vous levez le pouce gauche, et la
guide reprend sa longueur normale. C'est ce
que j'appelle faire un peloton à droite. Le

peloton n'existe qu'autant que la guide est dé-
posée sous le pouce.

Que vous conduisiez très bien ou non,
démarrez toujours doucement, au pas, cela
vous donne le temps de juger si tout est en
place et entraîne progressivement vos muscles.

Si vous avez des timoniers très vifs et que
vous vouliez trotter, mettez la main droite
sur les guides de timon, comme pour le
départ, ensuite mettez la gauche au-dessus de
la droite, faites votre appel et les chevaux par-
tiront au trot, sans que les timoniers puissent
se jeter sur les chevaux de volée, ce qui pourrait faire ruer ceux-ci.

ARRÊT

Pour arrêter quand vous êtes au *pivot*, vous
placez le médium de la main droite entre les
deux guides de gauche, à vignt centimètres
de la main gauche, vous levez cette main au-
dessus de la droite, en tendant les guides. Vous
fermez les doigts de la main droite sur les

quatre guides et vous la ramenez à vous. Ceci
est le grand arrêt, il est très puissant ; il faut
donc en user progressivement et seulement

LE GRAND ARRÊT

autant qu'il est nécessaire. On peut se servir
du grand arrêt dans n'importe quelle position,
même sur un tournant à angle aigu.

Si vous avez des chevaux lourds et d'autres légers, il faut pour arrêter droit lâcher

ou reprendre les guides l'une après l'autre.

Dans certains cas, la dernière partie de l'arrêt est sur une seule guide.

TOURNANT A ANGLE DROIT
à droite

Maintenant nous arrivons à un tournant à angle droit à droite, la main gauche toujours à la position du départ, ou même un peu plus haute que le coude, avec le poignet plié vers le corps et jamais vers les chevaux. Tout l'attelage est encore en ligne droite. Pour tourner, gardez autant que possible le milieu de la chaussée. Vous faites un peu d'opposition à gauche en renversant la main comme si vous vouliez boire; tournez le poignet d'abord sur place, levez-le ensuite doucement sans tirer trop fort, ce qui arrêterait les chevaux. Il faut toujours sentir la bouche des chevaux.

Si la volée est trop dans le collier il faut la ramener; pour cela mettez le médium de la

Typ. Pairault et Cie.   Cliché Ch. Hickel.

Coach venant de la rue du Sabot

main droite entre les deux guides de volée,
devant la main gauche ; fermez la main
droite et sortez les guides de volée en écartant
cette main horizontalement, sans la lever ni
la baisser ; ramenez les guides dans la main
gauche et remettez-les à leur place en glissant la main droite derrière la gauche. Cette
précaution empêchera la volée de tirer et de
forcer le timon.

Pour ajuster les guides de timon, il suffit
de les tirer par derrière ou par devant la main
gauche, suivant que vous voulez les raccourcir
ou les rallonger.

En prenant le tournant, il ne faut jamais
avancer la main gauche pour recevoir les
pelotons, car cela rend les trois autres guides
et fait augmenter le train.

Vous faites peloton à droite (*voir dessin
peloton à droite*), au moment où les pieds de
devant des chevaux de volée arrivent au
niveau du premier ruisseau de la rue dans
laquelle vous allez entrer et aussitôt que vous
avez déposé le peloton, votre main droite doit

aller à la guide d'opposition de gauche du timon, pour le tenir et l'empêcher de se jeter sur
la droite. Huit fois sur dix il faut de l'opposition

PELETON A DROITE
Fait entre l'Index et le Médium

au timon, mais si les chevaux de timon sont
distraits et regardent de l'autre côté, il faut au
contraire les aider à tourner ; pour cela vous
prenez la guide droite du timon avec la main

droite, à vingt centimètres de la gauche, tenant
la main droite au niveau du coude ; vous baissez
la main gauche autant qu'il le faut, gardant les
deux mains au milieu du corps, même si elles
sont l'une au-dessus de l'autre, ne jamais les
tenir écartées, et avoir toujours les coudes au
corps. La main droite est toujours au-dessus
de la gauche, excepté au moment des départs.

Il faut savoir juger la place qui vous est
nécessaire pour tourner. Vous tournez plus
facilement en rendant la main gauche, qu'en
tirant avec la droite, et vous ne pouvez pas
rendre la gauche si vous ne tenez pas les
deux autres guides dans la droite.

Pour étudier cet exercice, commencez à le
faire en ligne droite : prenez avec la main
droite les deux guides de droite, à vingt-cinq
centimètres de la main gauche, tenez-les bien
et baissez graduellement la main gauche ; ren-
versez ensuite le mouvement et vous verrez
tout votre attelage osciller à droite et à gauche
rapidement et facilement.

Donnez toujours le temps aux chevaux

d'exécuter les mouvements. Après chaque
commandement ramenez les mains à leur point
de départ avant d'en faire un autre.

Une fois le tournant fini, lâchez le peloton
et ensuite l'opposition. Si la rue dans laquelle
vous venez de tourner est en pente, il faut
maintenir l'opposition plus longtemps. Si la

côte est raide, prenez les deux guides d'opposition dans la main droite et baissez la gauche ;
maintenez toujours la main droite à sa place,
plutôt au-dessus du niveau du coude qu'au-
dessous, et ne la portez jamais vers la gauche ;
ramenez-la, au contraire, vers la droite ; de
cette façon votre force est doublée de cent
pour cent.

En résumé, pour un tournant à angle droit
à droite, vous avez cinq commandements à
faire : 1º ramener la volée ; 2º peloton avec la
guide droite de volée ; 3º opposition avec la
guide gauche de timon, ou aider avec les deux
guides de droite suivant le cas ; 4º lâcher le
peloton ; 5º lâcher le timon.

TOURNANT A ANGLE DROIT

à gauche

Pour un tournant à angle droit à gauche,
vous avez aussi cinq commandements à faire :
1º ramener la volée ; 2º peloton avec la guide

gauche de volée (*voir dessin peloton à gauche*) ;
3° opposition avec la guide droite de timon ou
aider avec les deux guides de gauche suivant
le cas ; 4° lâcher le peloton ; 5° lâcher le timon.

TOURNANT A ANGLE AIGU
à droite

Dix mètres avant le tournant, vous ramenez la volée de vingt centimètres (deux
fois plus que pour l'angle droit), vous main
tenez tout votre attelage à gauche, en tournant le poignet gauche en dedans. Vous
reculez ou avancez votre main gauche de dix
centimètres, en tenant le paquet des guides
par derrière avec la main droite ; c'est du
reste la seule façon de reprendre ou rendre et de suivre les quatre guides ensemble.
Au moment où la tête des chevaux de
volée est au niveau de l'angle des trottoirs,
vous prenez la guide gauche de timon entre
le pouce et l'index de la main droite, à travers les deux guides de volée, à quinze cen-

timètres de la main gauche, et vous la placez
autour du poignet, à la base du pouce, en
tournant un peu la main en dehors pour la
recevoir et en levant le pouce pour empêcher

PELOTON A GAUCHE

la guide de retomber *(voir dessin opposition de
gauche autour du poignet)*. Vous faites un
peloton de quinze centimètres avec la guide
droite de volée et vous le placez entre l'index
et le médium de la main gauche; vous faites
ensuite un second peloton de vingt centimètres

8

de la même manière. Ce peloton ainsi fait
entre le pouce et l'index, ne peut pas être
essayé par les commençants, mais peut s'ap-

Gauche timon
Gauche volée
Droite volée.
Droite timon

OPPOSITION DE GAUCHE AUTOUR DU POIGNET

pliquer aussi bien à un angle droit qu'à un
angle aigu. Si vous voulez, pendant le tournant, éviter un obstacle placé sur la droite,
vous tournez la main gauche en dedans; si
au contraire vous voulez éviter un obstacle
placé à gauche, vous tournez le pouce de

la main gauche vers la terre et vous amenez
la main sur le côté gauche de la cuisse gauche.
Si ce moyen n'est pas assez puissant, prenez

Gauche timon.
Gauche volée.

Droite volée.

Droite timon.

OPPOSITION A GAUCHE AVEC DEUX PELOTONS A DROITE

les deux guides de gauche ou les deux guides
de droite, suivant le cas, dans la main droite
à vingt centimètres de la gauche et baissez la
main gauche. Lorsque les chevaux de volée
sont bien droits dans la nouvelle rue, lâchez
les deux pelotons doucement, laissez-les filer

en ouvrant les doigts. Ensuite tournez la main, le pouce vers les chevaux, et la guide d'opposition tombera du pouce.

Pour un tournant à angle aigu plus dur, il est toujours nécessaire d'aider les chevaux à venir à main droite à la fin du tournant.

En résumé pour un tournant à angle aigu à droite vous avez sept commandements à faire : 1° reprise de vingt-cinq centimètres sur la volée; 2° opposition autour du poignet gauche ; 3° deux pelotons à droite ; 4° prendre les deux guides de droite et rendre la main gauche; 5° rendre les deux pelotons; 6° laisser tomber l'opposition ; 7° rendre les vingt-cinq centimètres de reprise à la volée.

Il faut reprendre vingt-cinq centimètres de guides à la volée, car si on ne le faisait pas, le cheval de volée de gauche tirerait si violemment sur la tête du timon que, neuf fois sur dix, il le casserait.

Ayez la volée bien en main et la main gauche bien à sa place, de façon que les traits de la volée soient lâches et que les palonniers

pendent sous le crochet de timon. Dans cette
position les palonniers ne pourront faire aucun mal s'ils viennent à heurter un obstacle.
Si vous ne teniez pas votre volée en main,
elle tirerait si fort sur la tête du timon, pendant le tournant, que le timon casserait cer-
tainement.

Pour un tournant à angle aigu à gauche
vous avez aussi sept commandements à faire :
1º reprise de vingt-cinq centimètres sur la
volée ; 2º raccourcir la guide droite de cinq
centimètres ; 3º deux pelotons à gauche ;
4º prendre les guides de gauche et rendre la
main gauche ; 5º rendre les deux pelotons ;
6º rendre les cinq centimètres d'opposition ;
7º rendre les vingt-cinq centimètres de reprise
à la volée.

ENTRÉE DANS UNE PORTE COCHÈRE
à droite

Pour entrer dans une porte cochère à
droite, plus la rue est large mieux cela vaut,
prenez toute la place que vous pourrez du

côté gauche, comme pour le coin à angle aigu.
Faites-le tournant et prenez bien le milieu
de la porte, les piliers ne pouvant pas céder.

A environ quinze mètres de la porte cochère, mettez la guide de timon de gauche
autour du pouce près du poignet, et maintenez-
la assez pour amener la voiture du côté gauche;
prenez le plus de place possible, car s'il faut
faire de la place à une autre voiture qui vient
à ce moment, vous en avez à donner ; si vous
n'en en avez pas assez vous êtes pris et la porte
est manquée ; dans ce cas, arrêtez-vous le plus
vite possible, reculez au moins trois mètres
de plus qu'il n'est nécessaire (on ne recule jamais assez). Ayez la main droite sur la volée
de droite pour faire le peloton dans le dernier
mètre avant l'angle de la porte. Prenez avec la
main droite les deux guides de droite et faci-
litez le tournant en rendant la main gauche,
si tout va bien rendez vivement tous les commandements et tout l'attelage devient droit,
vous aidez avec la main droite à vous maintenir au milieu. C'est de l'ouvrage pressé,

Typ. Pairault et Cie. Cliché Ch. Hickel.

Tournant à angle aigu, à droite, rue du Sabot (voir page 139).

surtout si vous le faites au trot, soyez toujours prêt à mettre le grand arrêt, s'il le
faut, au premier besoin.

ENTRÉE DANS UNE PORTE COCHÈRE
à gauche

Pour une porte cochère à gauche, tout
étant en ligne, raccourcissez la guide droite
de timon de quatre ou cinq centimètres selon
la bouche des chevaux. Quand la tête des
chevaux de volée arrive à un mètre environ
du niveau de la porte cochère, faites peloton
sur la guide gauche de volée et aidez le timon
à tourner si c'est nécessaire. Une fois que les
chevaux de volée sont engagés sous la porte
cochère, rendez tous les commandements et,
avec la main droite, saisissez soit les guides
de gauche, soit celles de droite si c'est nécessaire, pour éviter de frotter les trottoirs.

ARRÊT LE LONG D'UN TROTTOIR

Si l'on vous demande d'arrêter a droite,
le long d'un trottoir et que vous preniez les
deux guides de droite à pleine main, vous

amènerez le cheval de volée sur le trottoir, ce
qui est dangereux, ou si vous arrêtez le mouvement assez tôt pour l'en empêcher, la voiture
s'arrêtera à un mètre du trottoir. Craignant de
faire monter le cheval de volée sur le trottoir
vous laissez ainsi la voiture au milieu de la rue.
Pour bien faire, mettez le médium de la main
droite entre les deux guides de droite, les
doigts grands ouverts, pressez l'index contre
le médium; vous serrez ainsi la guide droite de
volée, ramenez-la main de cinq centimètres en
arrière en glissant sur l'autre guide, ensuite
serrez aussi la guide de droite du timon et
avancez la main gauche un peu au moment
où la volée arrive près du trottoir, laissez
filer les cinq centimètres de peloton, cela permet à la volée de se mettre parallèle au
trottoir sans crainte d'y monter.

Quand l'attelage aura fait quatre ou cinq
mètres, lâchez tout vivement et mettez le
grand arrêt, graduellement pour ne pas mettre
les chevaux sur les jarrets.

S'il faut faire un effet sur les guides de

droite ou de gauche, faites-le avec la main
droite et rendez toujours la main gauche.
Mettez la mécanique et laissez monter ou
descendre les personnes qui vous accom-
pagnent.

Quand vous voulez aller à un trottoir de
gauche, étant à droite de la rue et qu'il n'y a
que peu de place, mettez la guide de gauche du
timonier autour du poignet. S'il y a assez de
place, prenez les deux guides de gauche
en agissant sur celles de volée cinq ou
six centimètres avant d'agir sur celles du
timon. Voici le moyen d'y arriver : Serrez
l'index contre le médium placé entre les deux
guides en ramenant la main en arrière vers
la main gauche. Cela fait la demande à la
volée. Quand vous avez reculé votre main
de cinq ou six centimètres, serrez entre le
médium et l'annulaire la guide du timon
auquel la demande se trouve ainsi transmise
un peu plus tard. Avancez jusqu'à ce que
votre coach soit bien parallèle au trottoir.
Rendez les demandes et mettez le grand

arrêt en insistant un peu plus sur le côté
gauche.

LA RETRAITE

Si vous êtes dans une rue sans issue,
où vous n'avez pas l'espace nécessaire pour
tourner, il faut revenir sur vos pas au moyen
d'une retraite.

Il vous faut au moins sept mètres entre
les trottoirs, plus, vaut mieux. Tout d'abord,
avant d'entreprendre le mouvement, que tout
soit en ligne, votre volée d'attelage pendante,
mais ne touchant pas les jarrets. Demandez
aux chevaux d'avancer, faites peloton à
gauche (ce peloton peut être fait avant la demande d'avancer) et, avec la main droite,
aidez le timonier de gauche à venir à gauche ;
avancez le plus que vous pourrez de manière
à laisser le trottoir de droite à au moins trois
mètres derrière la voiture, puis, lâchez le
peloton dabord et la guide du timonier ensuite. A ce moment vous prenez les deux
guides de droite à pleine main droite et

baissez la gauche en tirant vigoureusement à
vous et disant iohoa! Ceci doit laisser la voiture arrêtée en travers de la rue (*voir dessin A*),
et l'avant-train seul tourné vers la droite.

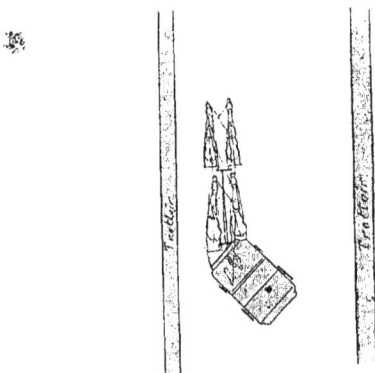

DESSIN A

Si vous croyez les guides trop longues ou
si les chevaux sont difficiles à reculer, raccourcissez le tout avant de demander le recul,
mettez la main droite sur toutes les guides,
comme pour le grand arrêt, étant prêt à lâcher
n'importe quelle guide, il sera nécessaire, de
peser un peu plus sur les guides de droite

pour maintenir le braquement, pendant le
recul. Demandez le recul doucement et sans
interruption si c'est possible, jusqu'à ce que
vous voyez la planche à pieds carrément

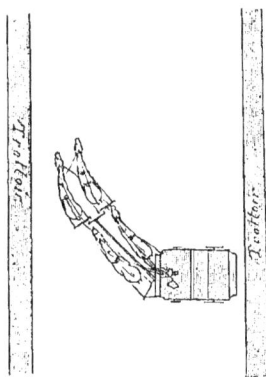

DESSIN B

en travers de la rue, et plutôt penchant vers
la gauche, à ce moment arrêtez (*voir dessin b*).
Tous ces mouvements doivent être faits très
vivement, mais sans secousse.

Quand vous êtes à ce point, lâchez la
main droite et faites peloton à gauche doucement, et non brusquement en tirant sur la

guide, cela ferait reculer vos chevaux, donnez leur des secousses légères, cela les fait tourner à gauche. Ils tournent en faisant un grand cercle à gauche et vous les aidez à tourner en mettant la main droite sur les deux guides de gauche et en rendant la main gauche, vous faites votre appel de langue et redémarrez à gauche en baissant les deux mains, si vous avez quelque chose dans la droite, sinon en rendant bien la gauche, de manière que les chevaux puissent aller dans leurs colliers (*voir dessin c*). Souvent il faut donner beaucoup la main gauche en avant pour ne pas faire un arrêt, surtout si vous avez raccourci les guides pour reculer ; donc il faut mieux ne pas reprendre les guides pour reculer ou si vous les avez reprises, rendez-les avant de démarrer.

Si vous devez revenir au point de départ, mettez la guide de timon de gauche autour du poignet et la main droite sur les deux guides de gauche, le médium les séparant ; tenez-les bien, et approchez du trottoir le plus

près possible. Lâchez tout et mettez le grand
arrêt doucement,

Nous allons maintenant expliquer les
mouvements à faire pour la retraite à gauche.

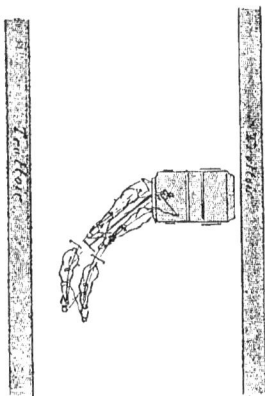

DESSIN C

Pour faire la retraite à gauche en partant
du trottoir de gauche, commencez par faire
une reprise de volée de dix centimètres, de
façon à avoir la volée d'attelage pendante,
mais sans toucher les jarrets, faites peloton à
droite en demandant le départ, aidez les timo-

niers à venir à droite, avancez le plus que
vous pouvez, mais au moins de trois mètres,
lâchez ce peloton, lâchez la guide de timon,
saisissez vivement les deux guides de gauche

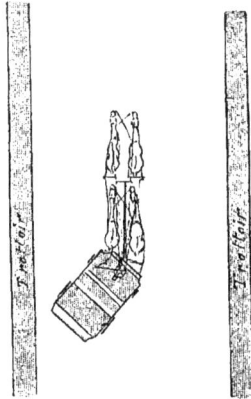

DESSIN D

avec la main droite et en tirant vigoureusement les mains à vous, dites *iohoa* pour obtenir l'arrêt absolu. A ce moment la voiture
doit être en travers de la rue, les chevaux et
l'avant-train étant seuls tournés vers la gauche. (*Voir dessin D.*). Vous placez la main

droite sur les deux guides de gauche, le médium les séparant, et en tirant les mains à
vous, vous obtenez le recul, jusqu'au moment
où la planche à pieds est en travers de la rue

DESSIN E

(ou de préférence un peu inclinée vers la
droite) (*voir dessin E*). A ce moment vous
arrêtez, vous faites peloton à droite par
petites secousses et dès que la volée commence à décrire son grand cercle à droite,
vous aidez le tournant en prenant les deux

Typ. Pairault et Cie.

Tournant à angle aigu, à gauche, rue du Sabot (voir page 117).

guides de droite avec la main droite et en
amenant cette main à vous. Vous rendez doucement les mains quand le tournant s'achève
pour permettre aux chevaux de reprendre
leur collier et de démarrer la voiture.

Si, au moment où vous avez fini de reculer, la planche à pieds n'est pas encore en
travers de la rue (*voir dessin F*), et que vous
n'ayez pas la place suffisante pour tourner,
il faut redémarrer droit, rebraquer à gauche
et reculer une seconde fois.

FAÇON DE DÉPASSER UNE VOITURE

Quand vous avez à dépasser une voiture
en la laissant sur la droite, mettez la main
droite sur les deux guides de gauche, le médium entre les deux guides, baissez la gauche
et tirez la main droite à vous, sur votre
droite pour obtenir le maximum d'effet. Si
la rue est barrée sur la droite, et qu'il n'y a
que juste la place de passer sur la gauche,

9

mettez la guide de timon de gauche autour
du poignet et prenez les deux guides de gauche dans la droite, toujours de la même manière en baissant la gauche.

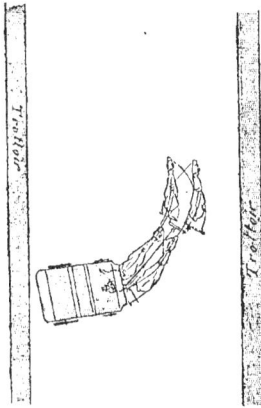

DESSIN F

Lorsque vous avez fait tous les commandements sur la gauche, pour éviter un obstacle qui se trouve sur la droite, et que, pour une
raison ou pour une autre, les chevaux refusent
d'obéir, un vigoureux coup de fouet sur l'é-
paule droite de votre timonier de droite por-

tera immédiatement tout votre attelage sur la
gauche. Dans le cas contraire, le coup de fouet
au timonier de gauche portera tout l'attelage
sur la droite.

N'oubliez pas le fouet, surtout quand vous
passez des endroits où les chevaux peuvent
avoir peur, un coup de fouet donné au bon
moment empêchera les chevaux de faire un
écart.

Quand il vous arrive de vouloir donner
un temps de galop pour monter une côte,
partez avant la côte pour avoir un peu
d'élan.

Ayez d'abord le fouet déroulé et donnez
vingt centimètres de guide à la volée de
gauche, avec le pouce et l'index de la main
droite. Quand vous donnez cette guide, les
deux derniers doigts de la main droite peuvent saisir la guide droite de volée et la tirer
en avant à son tour. Il est plus facile de
rendre les deux guides l'une après l'autre que
les deux à la fois. En essayant vous vous en
rendrez compte. Cela vaut mieux aussi parce

que les chevaux de volée sont habituellement
portés vers la gauche et qu'on les remet droit
en rendant ce côté le premier, sans avoir besoin de rendre autant à droite. Quand les
guides sont rendues, faites un appel aux chevaux et rendez doucement la main gauche
pour partir au galop ; mais ne jetez pas la
main en avant. Si vous voyez qu'un des chevaux de volée n'est pas prêt, donnez-lui un
ou deux coups de fouet. Faites-le claquer
entre les deux têtes de la volée si celle-ci a
besoin d'être réveillée; cela peut se faire sans
que les chevaux de timon entendent.

Nous sommes maintenant presqu'en haut
de la côte, mettez le médium entre les deux
guides de volée en avant de la gauche, serrez-
les, sortez-les en travers horizontalement,
ramenez la main droite derrière la gauche
et remettez les guides dans la main vivement et bien à leur place; ensuite le grand
arrêt, mais assez seulement pour remettre
les chevaux au trot. C'est, en tout temps,
le moyen de reprendre la volée. On a le

tort de beaucoup tirer sur les chevaux pour les arrêter, c'est souvent parce que la volée tire sur le bout du timon que le ralentisse-ment ne se produit pas malgré le commande-ment. Pour obtenir l'arrêt sans grand effort, il suffit de ramener d'abord sa volée et l'arrêt se produit ensuite sans difficulté.

Ne faites jamais de bruit avec le fouet si c'est possible, cela excite les chevaux qui ne sont pas frappés. Ayez toujours les che-vaux en main avant de frapper ; on évite ainsi d'avoir à les reprendre avec effort ensuite. Pour frapper un timonier, le fouet étant ou-vert, tournez-le au-dessus des timoniers, lais-sant la monture s'envoler et venir autour du corps du cheval. Soyez toujours prudent et con-servez l'attelage en alignement. Pour y arriver voici quelques moyens. Les deux guides qui ont le plus besoin d'être remises en place, sont celles qui sont ensemble, entre l'index et le médium de gauche, la volée de droite et le timon de gauche. Elles filent tou-jours, ce qui met la volée à gauche et le timon

à droite. Pincez avec le pouce et l'index de la
main droite les deux guides ensemble, et re-
foulez-les entre l'index et le médium de la
gauche, en les prenant à trois centimètres de
la main gauche. Les deux guides que vous
refoulez sont raides, si vous les prenez près
de la main gauche, mais elles ploient si vous
les prenez loin, et alors il n'est pas facile de
les refouler. Autre manière : prenez les deux
mêmes guides à pleine main droite, le pouce
vers vous et refoulez dans la main gauche. Si l'attelage est très de travers, mettez
la main droite à dix où quinze centimètres en
dessous de la gauche, prenez la guide droite
de volée et la guide gauche de timon à pleine
main, tirez-les à vous jusqu'au moment où
l'attelage sera droit. On se sert rarement de ce
moyen, car on ne doit pas laisser un attelage
se mettre très de travers.

Supposons que la volée se porte à droite et
le timon à gauche, ramassez la volée de gauche
vivement, en la prenant à vingt centimètres de
la main gauche, sortez-la de la main et remet-

Tournant de la rue des Anglais (voir page 140).

tez-la ensuite à la longueur voulue ; faites de
même pour la guide de timon de droite, cela
remet l'attelage en ligne droite. Si la main
gauche est fatiguée, mettez les quatre guides
entre l'index et le médium de la main droite,
derrière la gauche, serrez-les, ouvrez la gauche
sans retirer les doigts, que vous faites mouvoir
s'il y a crampe. C'est aussi la manière de raccourcir ou rallonger les guides. Si vous voulez
reposer la main gauche, vous le pouvez quand
toutes les guides sont dans la droite, devant la
gauche, en mettant le médium entre les guides
de gauche, comme pour le grand arrêt.

Si vous avez besoin de la main gauche,
mettez les guides dans les mêmes doigts de la
droite, mais gardez-la bien vers le côté gauche,
ou sans cela tout l'attelage ira à gauche. Pour
avoir la main droite libre, déposez le fouet
bien haut dans la gauche, de sorte que si vous
avez besoin de dévier pour venir à droite, vous
pouvez baisser la main gauche vers la cuisse,
le manche du fouet ne vous en empêche pas,
puisqu'il ne dépasse pas la paume de la main.

Quand vous êtes arrivé à destination, débouclez les mains de guides et jetez-les sur les timonniers à la hauteur du mantelet, les guides de droite à droite et celles de gauche à gauche, mais pas avant que les hommes ne soient à la tête des chevaux. Si vous descendez seulement pour remonter et repartir, descendez avec les guides et le fouet dans la main comme vous les avez en montant sur le siège.

Une chose très désagréable est un cheval qui galope toujours. Si vous avez trois chevaux qui trottent seize kilomètres à l'heure et un qui n'en peut faire que quinze, mettez-les tous à son train et tout ira bien. Certaines personnes diront que vous n'allez pas vite, mais les chevaux vont bien, et vous savez pourquoi.

Je vais citer maintenant quelques coins bien connus de mes élèves, tels que ceux de la fontaine Saint-Dominique, de la rue du Sabot, de la rue des Anglais, les sept coins et le tournant de la Belle-Mère. Ces endroits ne sont pas

faits pour s'amuser toute la journée, mais il est
bon de les connaître afin de pouvoir se tirer
des difficultés quand elles se présentent. Beaucoup d'élèves se démènent quand ils voient des
difficultés. Restez assis tranquillement et ne
bougez que les bras. Ayez toujours vos guides
bien ajustées quand il y a quelque chose à
faire, n'oubliez pas le fouet et qu'il ne soit pas
enroulé quarante mille fois.

TOURNANT

DE LA FONTAINE SAINT-DOMINIQUE

Allons vers la fontaine Saint-Dominique.
Nous venons du pont de l'Alma et nous entrons à droite dans la rue Saint-Dominique.
Nous sommes en ce moment à soixante mètres de la fontaine. Voici les commandements que vous avez à faire : Commencez par
reprendre la volée de vingt centimètres,
maintenez tout votre attelage sur la droite en
tenant votre main gauche un peu renversée
sur la gauche, passez devant la fontaine; au
moment où la tête des chevaux de volée ar-

rive au niveau du ruisseau (1), faites peloton sur la guide gauche de volée et aidez le
timon à tourner si c'est nécessaire, lâchez le
peloton et maintenez tout votre attelage le

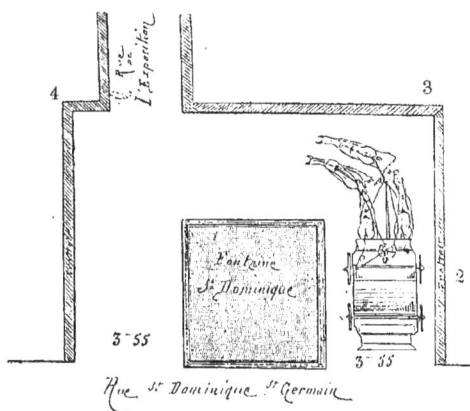

long du trottoir (2) en tournant le poignet
gauche vers la gauche. Lorsque les chevaux
de volée sont arrivés à l'angle 3, faites peloton sur la guide gauche de volée et avec la
guide d'opposition, forcez les timoniers à
passer dans l'angle (3). Lâchez le peloton,

maintenez votre attelage sur la droite ; quand
les chevaux de volée seront dans l'angle (4),
faites peloton sur la guide gauche de volée et
avec la guide d'opposition, forcez les timoniers à arrondir le tournant. Vous revenez
maintenant dans la rue Saint-Dominique que
vous pouvez prendre à gauche ou à droite.

TOURNANT DE LA RUE DU SABOT

Marchons vers la rue du Four, en entrant
par la rue du Dragon, peloton à la première
rue à gauche, encore peloton à la première à
gauche, mais attention, car nous entrons dans
la rue du Sabot et nous débutons par une forte
descente. Regardez bien dans le rétrécisse-
ment de la rue pour voir si elle n'est pas
barrée pour ne pas avancer trop loin ou vous
n'en sortiriez pas car la rue n'a que la voie du
coach. Continuez toujours tout droit, ramenez
bien la volée, la guide gauche de timon autour
du pouce et deux pelotons à droite. Il faut
presque toujours aider les chevaux à tourner

au dernier moment. Lâchez tous les commandements en arrivant en droite ligne, que vous
soyez plus ou moins au milieu de la rue.

J'en suis sorti bien des fois à reculons.

TOURNANT DE LA RUE DES ANGLAIS

Maintenant, allons rue des Anglais, une
vilaine petite rue qui finit boulevard Saint-
Germain; il vaut mieux la prendre par la rue
Donat, votre volée bien en main, avec cinq
centimètres d'opposition au timonier droit, la
main bien à sa place. Au coin, peloton à
gauche de vingt centimètres, aidez tout à
tourner à gauche ; comme l'opposition de
droite vous a maintenu à droite, il faut aider
pour que les chevaux viennent au dernier
moment, lâchez tous les commandements et
c'est fini. C'est l'angle le plus aigu que je con-
naisse. Continuez tout droit pour sortir de la
rue à gauche. Il faut toujours être prêt à
arrêter dans tous ces tournants, car vous ne

Tournant de la rue des Anglais, fait à l'envers (voir page 140).

voyez ce qui se passe dans la nouvelle rue
qu'après l'entrée complète des quatre chevaux.

TOURNANT DE LA BELLE-MÈRE

Le tournant de la Belle-Mère se trouve
près de l'Arc-de-Triomphe. Descendez l'avenue
de Mac-Mahon, traversez la rue de Tilsitt, continuez à descendre la côte, mettez la mécanique ; la première rue à gauche est un tournant
à angle aigu avec côtes dans les deux sens. La
rue de Montenotte dans laquelle vous entrez
est large de sept mètres, et le côté droit de
la rue est en contre-bas d'un mètre sur le côté
gauche.

C'est là que l'on verse si l'on tourne vite.
Otez la mécanique, donnez de la guide à la
volée pour monter la côte, reprenez la immédiatement pour pouvoir tourner dans la rue
de l'Arc-de-Triomphe, en mettant l'opposition
gauche autour du poignet et en faisant deux
pelotons à droite, remettez la mécanique, car
la rue descend raide, rendez les deux pelotons

et l'opposition, et maintenez les quatre guides
pour calmer le train.

C'est cela qui fait courir les marchandes
des quatre-saisons ! elles ont tellement peur
qu'elles ne savent où se mettre en nous voyant.
Continuez la route pour faire un galop en
montant l'avenue Carnot, où se trouvent deux
tournants à gauche ; donnez de la guide à la
volée et demandez le galop ; près du haut de
la côte reprenez les guides de volée, et mettez
le grand arrêt ayant les rails du train à vapeur
à traverser. Dirigeons-nous vers l'avenue du
Bois pour faire les sept coins.

TOURNANT DES SEPT COINS

Prenez la seconde rue à droite dans l'a-
venue, puis la première à droite, c'est le premier des sept tournants ; première à gauche
(second tournant), puis la première à gauche
(troisième tournant), aussitôt droit, vous mettez
la guide autour du poignet pour bien maintenir à gauche, faites peloton à droite quand

les pieds de la volée sont dans le ruisseau
et mettez la mécanique, lâchez le peloton et
votre opposition, aidez à conserver la droite,
mettez le grand arrêt pour soutenir la descente
que vous venez de prendre (*quatrième tournant*). Ensuite vient un tournant juste à gauche, ôtez la mécanique et maintenez la droite,
peloton à gauche, donnez assez de guide pour
monter la côte (*cinquième tournant*), faites
à temps les commandements, pour un tournant à angle aigu à droite (*sixième tournant*),
continuez tout droit, faites attention à la
descente, puis vient un angle aigu à gauche,
quittant le macadam pour prendre l'asphalte
(*septième tournant*). Faites toujours bien attention en changeant de terrain ; rien n'est plus
apte à faire tomber un cheval, surtout dans
un tournant à angle aigu.

On me demande souvent pourquoi un
cheval galope, c'est souvent parce qu'il a le bon
vouloir de travailler, il y met du courage, c'est
à celui qui mène à veiller qu'il ne travaille pas
trop.

Quand vous menez à quatre, tous les chevaux doivent travailler, surtout en montant
une côte. Rappelez-vous cela, vous vous en
trouverez peut-être bien un jour.

Si le cocher menait soigneusement, s'il for-
çait les paresseux à faire leur part d'ouvrage,
le bon cheval ne penserait jamais à faire plus
qu'il ne doit et resterait au trot.

Je me rappelle qu'il y a quelques années,
un amateur allant à une réunion de courses
sur un coach, chargé d'amis, pensait plus à
faire la conversation qu'à mener ses chevaux.
Cependant la voiture roulait tout de même et
cela lui suffisait. Arrivé à la côte de Marly-le-
Roy, sentant le train diminuer, il excitait son
attelage de la voix tout en continuant sa conversation. Grâce à ces appels répétés, l'élan de
la voiture fut maintenu jusqu'au haut de la
côte ; malheureusement, un seul cheval obéis-
sait au maître et à lui seul montait toute la
voiture. Les forces d'un cheval ayant une li-
mite, la pauvre bête tomba morte en haut de
la côte sans que son propriétaire se doutât

Tournant à angle aigu, à droite, entre le pavillon d'Armenonville
et le boulevard Maillot (voir page 112).

jamais qu'il avait tué son brave ouvrier.

Il fut obligé de continuer sa route avec trois chevaux attelés en arbalète, comme je l'ai décrit plus haut.

Si vous passez un jour avenue de Fitz-James, à Marly-le-Roi, un peu au-dessus de l'abreuvoir, vous pourrez dire : « C'est là que le bon vieux cheval est mort », comme dans la chanson d'une chasse à courre en Angleterre.

Pensez toujours à ce que vous faites, aussi bien en vous amusant qu'en travaillant : ce n'est que votre devoir.

Qu'il me soit permis, avant de terminer, de relater un pari intéressant.

On prétendait que je ne pouvais fournir un coach avec un relais pour faire la route de Paris à Chantilly en trois heures. Le pari a été gagné facilement. On est arrivé à l'octroi en deux heures vingt et une minutes et à l'Hôtel d'Angleterre en deux heures vingt-quatre. Le train était de dix-huit kilomètres à l'heure, un des messieurs me demandant en

route s'il y avait chance de gagner, j'ai ré-
pondu que c'était fait, car en allant seulement
seize kilomètres à l'heure on pouvait gagner.

Je faisais de la route une fois avec un prince
bien connu, et pendant quatre kilomètres con-
sécutifs, comme nous arrivions à la borne,
il y avait exactement quinze minutes, montre
en main, que nous avions quitté la précédente.
Le prince ne pouvait comprendre que l'on pût
mener si régulièrement.

Beaucoup de personnes croient qu'elles
n'ont qu'à mener un service de route, pour
être bons cochers. Ces personnes se trompent,
bien qu'en France il faille une certaine habileté pour éviter les charretiers qui, au son de
la trompe, se mettent, exprès ou non, dans
votre chemin. En Angleterre, au contraire, le
cocher est presqu'inutile pour rentrer dans
Londres, car tout le monde se dérange en
entendant arriver le coach.

J'aime faire la grande route, j'en ai beaucoup fait et voudrais en faire encore; mais
pour apprendre, une heure de leçon en ville

vaut mieux que quinze lieues de route, car
souvent, sur la route, on ne mène pas, on laisse
aller les chevaux.

C'est très agréable la route, avec les ren-
contres et les saluts, c'est un sport qui procure
beaucoup de plaisir à ceux qui peuvent dire :
j'ai mené mes chevaux.

FIN

TABLES

TABLE DES MATIERES

———

Conseils Préliminaires

La Leçon

TABLE DES GRAVURES

TABLE DES GRAVURES

HORS TEXTE

———

ACHEVÉ D'IMPRIMER

Aux frais de l'Auteur

Le 20 avril 1893

SUR LES PRESSES DE PAIRAULT ET Cie

3, passage Nollet, 3

A PARIS

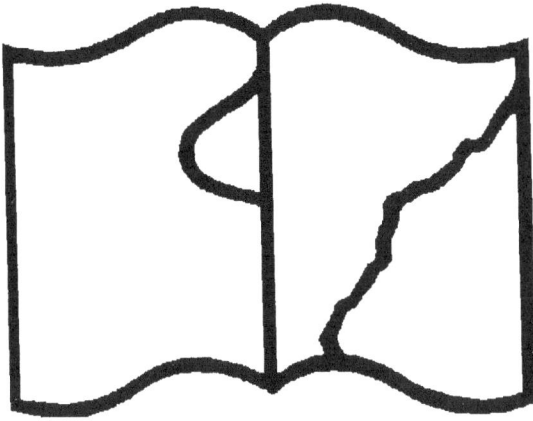

Texte détérioré - reliure défectueuse

NF Z 43-120-11

Contraste insuffisant

NF Z 43-120-14

www.ingramcontent.com/pod-product-compliance
Lightning Source LLC
Chambersburg PA
CBHW060528210326
41519CB00014B/3163